心灵药膳

聚能养心释潜能

姜 越◎主编

中国财富出版社

图书在版编目（CIP）数据

心灵药膳：聚能养心释潜能 / 姜越主编. —北京：中国财富出版社，2016.6

（心灵医生系列）

ISBN 978-7-5047-6090-6

Ⅰ. ①心… Ⅱ. ①姜… Ⅲ. ①心理状态-自我控制-通俗读物 Ⅳ. ①B842.6-49

中国版本图书馆 CIP 数据核字（2016）第061457号

策划编辑 赵笑梅　　**责任编辑** 赵笑梅

责任印制 方朋远　　**责任校对** 杨小静　　**责任发行** 敬　东

出版发行 中国财富出版社

社　　址 北京市丰台区南四环西路188号5区20楼　　**邮政编码** 100070

电　　话 010-52227568（发行部）　010-52227588转307（总编室）

010-68589540（读者服务部）　010-52227588转305（质检部）

网　　址 http：// www. cfpress. com . cn

经　　销 新华书店

印　　刷 北京晨旭印刷厂

书　　号 ISBN 978-7-5047-6090-6 / B・0488

开　　本 640mm × 960mm　1/16　　**版　　次** 2016 年 6 月第 1 版

印　　张 17.5　　**印　　次** 2016 年 6 月第 1 次印刷

字　　数 219千字　　**定　　价** 38.00元

前　言

著名心理学家威廉·詹姆士曾指出："人类仅仅使用了5%～7%的潜能。"人类对于潜能的浪费程度可想而知，我们有理由也完全有必要充分发挥巨大潜能的神奇妙用。人的潜能犹如一座待开发的金矿，蕴藏无穷，价值无比。

这可以用"海下冰山"来形容，隐藏在海平面之下的巨大冰山就是我们尚未表现或开发出的潜能，而那露出在海平面上的冰山一角就是我们每个人所表现出来的能力，即显能，只是极小的一部分。

这些我们经常利用的力量就像一块块砖，帮助我们打造一个个彰显我们风采的人生。这些力量让我们能够深思、反省、想象，当然，更重要的是创造。这些高层力量的发挥，让我们能真正认识我们生存的目的，并在此过程中找到生命的最大价值。

但我们大多数人并不知道如何去深入开发那些供给身体和精神力量的源泉，反而坐在那里不停地抱怨命运不济、能力不够……致使我们非常平庸。再加上竞争日趋激烈、生活节奏越来越快，各种压力、让人浮躁的事情就更加削弱了我们的心灵潜能。人们只知道给身体补充各种维生素、钙片、蛋白质，想让自己身强体健、步履轻盈，而忽略了内心的给养，致使自己内心世界一片荒芜，潜力一再搁浅。所以，为自己的内心做“食补”，给养自己的心灵，我们才能聚集更多的心灵潜力。

要想拥有一个强大的精神世界，就要学会不断地给自己的心灵做补养，为此我们编写本书。本书以药膳的理论为支撑，结合大量的心理测试，介绍了各种给养心灵的方法。愿本书可以成为一剂心灵药膳，滋补你的内心，开发你内心潜在的能力。

本书在编写过程中，参考了心理学方面的相关书籍，得到了多位心理专家的指导，在此我们向这些作者及专家表示真诚的敬意和感谢。尽管在编写中我们付出了很大的努力，但由于水平所限，书中难免存在一些疏漏、不妥及错误之处，敬请专家及同行不吝指正。

目 录

第一篇 聚能强心药膳

第一章 活心药膳：唤醒心中嗜睡的心灵

我们每个人的心灵深处都蕴藏着无穷无尽的智慧与能量，它就像一个隐藏着的“金矿”一样，那里有高贵、充实和快乐生活所需要的一切，正等待着我们去开发与汲取。而我们不得不发出这样的感叹：虽然解剖学家的手术刀能够解剖人类身体上的所有器官，但却永远也解剖不了人类的心灵，更解剖不了由心灵而荡漾出来的丰富多彩的奇妙心态。

学会挖掘内心的潜能……004
学会呼唤内心的潜力……009
发掘内心潜在的激情……014
把自己开发成一座宝藏……019

跳过阻碍你发挥内心潜力的障碍……023
勇敢是打开心灵宝藏的钥匙……027

第二章　保心药膳：给自卑的心灵来次“食补”

每个人都有自卑情结，比如，自己不如别人，不值得别人对自己好，无论自己做什么事情都不够好，从而产生心理上的负担，造成心理上的痛苦。当下，我们应该学会滋补自己的心灵，还给自己一个自信阳光的心态。

为自己点亮希望的明灯……036
相信“能”的人才会赢……042
金无足赤，人无完人……046
淡定强大的自信气场……051
赶走内心自卑的“恶魔”……056

第三章　强心药膳：引爆“超能力”的强心大法

人的潜力是巨大的，但这一潜力需要积极开发，才能使潜力变成实际的能力。只要找到潜能开发的正确途径，你的潜能也可以得到极大的开发，从而成为一个具备“超能力”的人。

催眠心法：唤醒沉睡的潜能……062
激励心法：用自我激励重塑自我……066
暗示心法：为内心注入积极的力量……069
冥想心法：心神宁静，激发潜力……074

镜子心法：充满自信，强化激情……………………………………078
信念强化心法：每天都要超越自我………………………………082

第二篇
补心安心药膳

第四章　滋养药膳：感悟人生的心灵鸡汤

有些人稍微遇到一些不顺心的事，就怨天怨地，觉得自己的人生糟糕得一塌糊涂。殊不知，再多的抱怨也解决不了问题，心中若是总被抱怨填满，外面的世界再美好也如同一片阴霾。当感觉自己对生活不满意时，不妨看看别人，再给自己换种心态，你就会看到不一样的人生。

学着给自己的人生做减法…………………………………………090
单纯是人生最好的味道……………………………………………093
学会禅修一颗感恩心………………………………………………098
没有不喜欢的生活，只有不快乐的心……………………………103
选什么样的朋友，就有什么样的人生……………………………108

第五章　养性药膳：改变你的性格弱点

改变性格，改变命运。性格虽然从小伴随着你，有先天性但更具有可塑性。虽说“江山易改，本性难移”，但只要你正确认识到性格弱点对自己的危害，并用心去改变，你就一定会成功！

性格是健康心灵的保证……114

学会“保养”你的性格优势……119

病态人格的心灵膳方……123

懦弱性格的心灵调节……131

被动性格的心灵调节……135

不做心灵僵化的人……139

改掉张扬个性的习惯……145

第六章　理气药膳：给自己的心灵调调气血

很多时候，我们总觉得生活中的快乐太少，其实是因为我们计较得太多。只要我们用心去体验，就会发现自己拥有很多的幸福和快乐，它们就隐藏在普通的生活中。如果你拥有一双发现的眼睛，减少对生活中各种事物的苛求，克制自己的怒气，很容易就能够发现：快乐其实就在身边。

让阳光照进心里……150

学会做“愤怒”的主人……155

放大自己的度量……160

做一个有谦卑之心的人……165

生活再苦也要笑一笑……171

第三篇 益智明心药膳

第七章 明智药膳：要懂得开发你的大脑潜力

我们的大脑是一个神奇的世界，正是这个神奇的世界，创造了人类今天灿烂辉煌的文明。我们的大脑又是一个神秘的世界，正是这个神秘的世界，隐藏着无数扑朔迷离的谜团，深埋着无穷神秘莫测的秘密，让一代又一代的科学家叹为观止、束手无策。人类至今对大脑的认识和开发充其量不过是冰山一角。

怎样用脑就有怎样的人生……178
大脑潜能是怎么浪费的……182
大脑如何影响我们的生活……186
学会用脑做事……191
学着开发你的右脑潜能……195

第八章　定神药膳：改善思维定式的“心灵”验方

思维方式是人类大脑活动的内在形式，它对人们的言行以及影响外部世界的方式起着决定性作用。人生中会取得何种成就，这一切皆与思维方式有着解不开的渊源。下面推荐几种改善思维的“药膳验方”，希望对你改善思维有所帮助。

用正面和积极的头脑去思考……204
培养你的灵感思维……208
让你的创意开花……213
善于变通，不死板……220
共赢思维：当代的新思维模式……225
练习自己的发散思维……229
培养自己的反思能力……234

第九章　安神药膳：补脑益智的“药膳秘方”

大脑与心灵是相互统一、缺一不可的。补养心灵的同时，也要给自己的大脑做个“补养”。

下面为你盘点6大补脑安神的“药膳秘方”。为你补充日常生活、工作、读书所消耗的脑力。

秘方一：增强智力指数……240
秘方二：培养创新能力……245
秘方三：增强大脑保存信息的能力……248

秘方四：激发大脑的想象力…………………………………………………252
秘方五：呵护大脑，预防神经衰弱…………………………………………258
秘方六：劳逸结合，科学用脑………………………………………………262

第一篇

聚能强心药膳

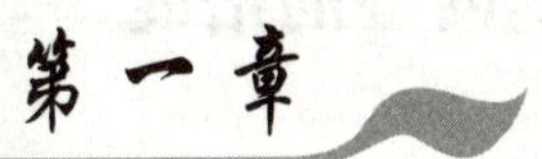

第一章

活心药膳：唤醒心中嗜睡的心灵

我们每个人的心灵深处都蕴藏着无穷无尽的智慧与能量，它就像一个隐藏着的“金矿”一样，那里有高贵、充实和快乐生活所需要的一切，正等待着我们去开发与汲取。而我们不得不发出这样的感叹：虽然解剖学家的手术刀能够解剖人类身体上的所有器官，但却永远也解剖不了人类的心灵，更解剖不了由心灵而荡漾出来的丰富多彩的奇妙心态。

学会挖掘内心的潜能

把脉心灵

你想知道你的潜能吗？下面做一个测试吧！

小魔女咪咪，父母双亡，是由坏心肠的叔叔和婶婶抚养长大的，因此备受冷落和虐待，过着非常辛苦和不快乐的生活。她也一直不知道自己会魔法。有一天，咪咪像往常一样按照叔叔婶婶的命令打扫院子。天寒地冻，她一边扫一边哆嗦，心想："要是手里的扫帚可以自己打扫院子该多好啊！"突然，奇妙的事情发生了。扫帚"嗖"地跳出咪咪的手，居然自动打扫起院子来。咪咪非常吃惊，同时也意识到了自己拥有不可思议的力量。那么，如果你是她，接下来你会怎么做呢？

A. 仔细研究扫帚的特异之处

B. 一直盯着扫帚看，观察它是如何工作的

C. 立即坐上扫帚飞离这个家

D. 把破破烂烂的扫帚修理得漂漂亮亮

心灵分析：

选A：你具有创作潜能。你的想象力极其丰富，会是常人的好几倍。

选B：你的身上有你尚未意识到的常人无法比拟的敏锐的观察力。因此，你身上有绘画的潜能。

选C：选择飞离这个家，说明你的感受力比其他人强烈得多。如果你充分发挥你那优异的感受力，比如，从事音乐创作，你肯定能写出优美动人的歌曲。

选D：你是个心灵手巧的人，能做许多复杂的烦琐的手工活。因此，如果你是男生，不妨尝试一下制作模型；如果你是女生，不妨尝试一下编织或裁剪。

心灵指导

人生如同一个大舞台，而我们便是这场演出的主角。能否演绎出精彩的剧目，完全取决于你能否发现并释放出自身的潜能。潜能就像阳光一样，能够帮助我们打造出一个充满活力的绚丽人生。无论是谁，只要充分释放自身的潜能，找到自己的“天赋”所在，便能实现生命的意义，获得梦寐以求的成功。

潜能就像一个大宝藏，包含着真正的智慧。只要你能够将这种智慧挖掘出来，那么，理想便能很容易地变为现实。因此，要想获得成功、拥抱胜利，就应该尽可能地去挖掘自己的宝藏，然后，更加有效地利用它们，从而使自己的人生多姿多彩。那么，追求梦想、渴望成功的你，发现自身的宝藏了吗？

从前，有一个农夫，他有一块非常肥沃的土地。多年来，他靠着自己辛勤耕作，日子过得十分舒服。有一次，他无意中得到一条信息——如果能找到一块埋有宝藏的土地，只要抓一把就可以变得非常富有。农夫顿时心动了，心想：我要是拥有一块这样的土地，就什么都不用干了。于是，他卖掉了自己的土地，离开家园，开始了所谓的寻宝之旅。

但是，事与愿违，农夫一直走到遥远的异国他乡也没有找到什么宝藏。就这样，15年过去了，农夫变得一贫如洗，最终他在绝望中死去。而那个买下农夫土地的人，通过15年的辛勤劳作，积累了很多的财富，这片土地也变得相当肥沃。

农夫为了寻找宝藏而舍弃土地出走远方，最后客死他乡，而这块土地的新主人却充分发掘土地所蕴含的能量，收获了累累果实，积累了很多的财富。

这个故事告诉我们一个这样的道理：与其千辛万苦地寻找所谓的宝藏，不如好好挖掘自身的宝藏，也许这样会更快地实现我们的目标。

英国散文家托马斯·卡莱尔曾经说过："发现自己天赋所在的人是幸运的，他不再需要其他的福佑。他有了自己命定的职业，也就有了一生的归宿。他找到了自己的目标，并将执着地追寻这一目标，奋力向前。"而一个人一旦丢掉属于自己的东西，就如同失去一座宝藏。在这个世界上，每个人都有自己独特的个性，每个人都拥有独特的天赋。这种天赋就像一座等待我们去开采的宝藏，它悄悄地藏在我们生命的某个地方。一个人是否能够挖掘出这座宝藏，取决于他能否踏踏实实地学习、兢兢业业地工作，并充分发挥自己的长处，从而将自己的人生经营得多姿多彩。

小马是一个只有中学学历的年轻人，由于学历低，又没有很好的家庭背景。毕业后，他只能在一家小公司里从事打扫厕所的工作。他每天除了上班，生活中几乎没有别的内容，他只与有限的几个朋友来往，认定了自己的生活也只能如此了。就这样，小马浑浑噩噩地活着。直到有一天，他家隔壁搬来了一位老人。这位老人自称能够预知未来，并且也知道别人的前世。每天上下班时，年轻人经常会碰见老人并和他聊几句，并且聊得很开心。

有一天，老人坐到小马身边对他说，他感觉到了小马的前世是拿破仑，是历史上最伟大的政治家和军事家。拿破仑虽然出身卑微，却通过勤奋和努力从科西嘉岛的平民成为法国陆军的军官，最终成为法兰西帝国的皇帝。老人断定，小马以后也会像拿破仑那样能干，会取得很多意想不到的成功。

小马认为老人在拿他寻开心，但是，他的心里却升起来了一种从未有过的自豪感，从此，小马对拿破仑产生了浓厚的兴趣，他开始想方设法地找到与拿破仑有关的一切书籍来阅读，他开始了解拿破仑的生活以及他的领导才能。他慢慢地发现自己身上好像也蕴藏着同样的潜能。

这个发现给了他很大的自信，他再也不像以前那样“混日子”了。对于工作，他充满了激情，并给周围的人留下了非常好的印象。

后来，他主动请求调换自己的工作，希望去做一些他原来想都没有想过的工作。公司领导感觉到他不再是以前那个平庸的员工了，于是便交给他一些具有挑战性的工作。每次他都能够全身心地投入到工作中去，然后出色地完成任务。为了更好地完成自己的工作，小马经常利用业余时间学习一些与工作相关的业务知识。随着时间的推移，他的专业知识越来越多，工作经验也越来越丰富。由于他能力的不断提升，公司多次提拔他。

经过几年的发展，现在的小马已经彻底变成了一个果敢、自信的管理者，并成为行业的佼佼者。他的人生经历也被经常拿来激励那些普通员工。

小马周围的人都说，他之所以能够取得今天的成就，可能他真的是拿破仑转世了，但只有他自己知道其中真正的原因。他现在已经不再关心自己是不是真的拿破仑转世，而只在乎怎样才能更好地挖掘自身的潜能。因为他明白，只有把自身各种积极的力量全部调动起来，他才能获得更大的成功。

其实，每个人都是完全独立的个体，都有着与众不同的地方，每个人的身上都蕴藏着一份不为人知的特殊才能，等待着被唤醒。只有将这位沉睡的巨人唤醒，我们才可能得到无穷的力量，克服所遇到的任何困难，从而创造人生的种种奇迹。

事实上，充分挖掘自身的宝藏，释放自身的潜能也是实现生命价值的一种。因为只有这样，我们才能将人生这出剧演绎得更加精彩。因此，每一个想要创造辉煌人生的人，都应该相信自己的能力，积极地开发自身潜能。唯有如此，才能走出一条真正属于自己的成功之路。

学会呼唤内心的潜力

想知道自己的潜力吗？测试一下吧！

1. 你的计划或决定是不是常常受外界的影响而改变？

A. 经常是

B. 多半会有些改变

C. 有道理就接受

D. 一般不会

E. 极少改变

2. 你鄙视那些业务能力平平但很会跟老板搞关系并很得老板恩宠的人吗？

A. 非常鄙视

B. 有些瞧不起

C. 无所谓

D. 能理解接受

E. 值得学习

3. 你是否认为自己怀才不遇?

A. 绝对不是

B. 好像不是

C. 没想过

D. 有点是

E. 是的

4. 工作中你经常主动提出有建设性的创新想法吗?

A. 绝不多管闲事

B. 不太主张

C. 没有创新想法

D. 不经常

E. 经常

5. 你认为自己在工作方面还有很多卓越才能没有机会施展吗?

A. 绝对不是

B. 不是

C. 没想过

D. 不完全是

E. 是的

6. 你愿意并相信你有能力去做更有挑战的事吗?

A. 绝不是的

B. 有些不是

C. 不太清楚

D. 有些是

E. 完全是的

心灵分析：

选A多：目前这种状态，根本没有任何发展潜力可言，你该彻底反思一下自己。

选B多：虽然你有了一些职场上的经验，但在很多方面有待改进。

选C多：你在单位属于一般的员工，不愿意承担太大的责任，没有太大的成功愿望，缺少创新意识，在本职工作上至少在一年内没有进一步发展的可能。

选D多：你是个有理想、有抱负、爱思考并充满激情的人，愿意从事富有挑战性的工作，有望在近期内在职场上再上一个新的台阶。

选E多：你是个有领导才能、有个人魅力的人，你很想在事业上开拓自己的版图。你的优秀品质注定你在众多人中脱颖而出，所以过不了多久，你就能升到不错的位置。

心灵指导

为什么成功的总是别人？看着身边那些风度翩翩、事业有成的人，华松心里酸溜溜地问道。华松，名牌大学毕业，在一家很不错的外贸公司工作，工作踏实努力，但是无论他多么地努力，公司的人还是感受不到他的存在。这么多年过去了，他的那些同学不是总经理便是高级工程师，过着家庭事业双丰收的美好生活，而他依然只是这个公司的小职员，拿着饿不死的工资，买不起房，结不起婚，甚至当初能力不及他的一个同学都已经被提拔到管理层了。这一切都让华松的心理严重失衡。他不是没有能力，别人能做到的事情他自信也能做到，也不是不懂得为人处世，待人接物更不会偷奸耍滑，一向勤奋好学——为什么他就成功不了呢？

渴望成功的你是不是也像华松一样，无论怎样，成功总迟迟不肯大驾光临？总觉得机遇对自己很吝啬，从来不光顾自己。自己的舞台总是太小，一生一世，我们被安排在无限时空的一个小小的坐标点上。我们穷尽自己的目力与脚力，也不可能抓住成功——成功对我们而言真的这么难吗？其实，根本原因是你没挖掘出自己的潜力来推动自己成功。

天才并非是天生的，而是后天开发了潜能。德国就有这样一位后天神童——14岁的哲学博士卡尔·威特。

事实上，小威特不但不聪明，而且还先天不足，很多人认为他是一个白痴。然而他的父亲老威特却不这样认为。他说："我认为最重要的是教育，而不是什么天赋。孩子是白痴还是天才，关键在于能否通过后天教育开发出他的潜能。一旦开发出孩子的潜能，他一定会成为一个非凡的人。"就这样，老威特买来一些小人书和画册，耐心地把十分有趣的故事讲给小威特听，从而唤起他对知识的渴求。每当小威特听得津津有味时，老威特便停住，对孩子说："看，我太忙了，需要去工作挣钱养家呀，没有很多时间去给你讲故事了。"

这样，就激发了小威特一定要识字的愿望，他知道，如果自己能认识许许多多的字，就会知道许许多多的故事。所以，他学习得非常刻苦。

小威特到了8岁的时候，已经能够自由运用德语、法语、拉丁语等6国语言，而且还通晓物理、化学，尤其擅长数学。9岁时，他考入了莱比锡大学。

14岁时，小威特被授予哲学博士学位。两年之后，又获得法学博士学位，并被任命为柏林大学的法学教授。23岁，他发表了《但丁的误解》一书，成为研究但丁的权威，还创作了不少优秀诗歌和其他文学作品，成了一位名副其实的天才。

人生而平等，为什么创造力会有大小之分，人生会有成功与失败之分呢？一方面是客观环境的原因，另一方面是人本身的原因。然而不论内因外因，关键就在于天赋与潜能是否被充分地开发和释放。因此，从这个意义上说，成功之学就是一门开发潜能、应用潜能的学问。

那么，我们不禁要问，怎样才能让自己的潜能发挥从而获得更大的成功呢？

1. 会失败只是因为你告诉自己失败了

失败是你自己告诉自己失败了。一定要明白的是，没有任何一个人能决定你是失败或成功，贴标签的只能是自己。

2. 专注才够成功

在最困难的时候，专注于解决困难的你可以最大限度地激发你的潜能，这样无疑也可以让自己成功。一定要相信自己：未来不管发生任何事情，你都可以找到解决的方法。

3. 懂得危机处理

人生并不总是一帆风顺的。当你朝着目标前进的时候，遇到困难在所难免，这时处理问题的能力就是十分重要的，这也就是我们通常所说的危机处理。在面对我们所遇到的这些困难时，注意力80%在方法上，20%在问题上。如此一来，我们不妨问问自己：我要怎样做才能改变这件事？我如果能改变它，有没有最快的方法？可能我们都有这样的体验，解决问题会让人很有成就感。有时候，挫折与困难反而能让我们更快地拥抱成功。

发掘内心潜在的激情

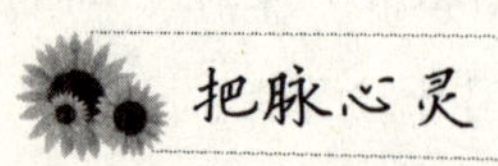

没有激情，工作和生活就会乏味，测测你的激情指数吧！

以下题目均为是非题（共15题，回答为“是”计1分，回答为“否”不计分。）

1. 生活节奏像钟表一样规律，简直是太规律了！

2. 总是在闹钟或者电话铃声的催促下醒来。

3. 要么不吃不喝，要么暴饮暴食，总之没有时间和数量的规律。

4. 要么不吃早餐，要么不吃晚餐。

5. 入睡困难；睡不踏实；梦多而乱；醒来后觉得疲惫。（只要有一种均答“是”）

6. 注意力高度集中在业务或者炒股等很少的事情上，不知道身边发生了什么，甚至不知道季节的变换。

7. 缺乏好奇心。

8. 闲暇时总是只和固定的朋友联络或只有很小的圈子。

9. 下班后疲惫不堪，觉得没有精力和兴趣做任何需要消耗体力的事情。

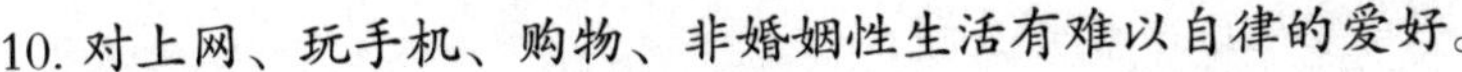

10. 对上网、玩手机、购物、非婚姻性生活有难以自律的爱好。

11. 话到嘴边留半句，能说十分只说七分。

12. 深知江湖险恶，人心险恶。

13. 在发式和着装上，都有自己固定的风格，并认为这个风格是最好的。

14. 觉得比自己年长5岁以上的人过时了，觉得比自己小5岁的人不懂事。

15. 很善于挑别人的毛病，总感觉自己的付出远远超过得到的回报。

心灵分析：

10分以上：激情不大，消极情绪的力量很强大，需要立刻寻求专业人士的帮助，进行全面的疏导。

7～10分：有许多有年头的消极情绪了，建议寻求专业人士的帮助。

4～6分：还好还好，只是些皮外伤，自己注意一下就可以。

3分以下：依旧干净通透，如同职场新人一样活力四射、充满激情！注意不要被消极的“江湖经验”所污染。

心灵指导

我们都有很多的激情。人类本质的复杂性使得我们有与生俱来的一种激情的种子，虽然只有某种激情对我们具有较重大的意义，我们不会因为拥有某类激情，就把另一种激情排斥在外。我们可以同时或选择性地追求激情，就看哪种形式最适合我们的个性。我们都可以享受激情的魔力并且发挥自己的潜力，实现自我成就。只要你愿意参照以下步骤去做：

1. 从内心出发

迈出第一小步总是最难的。坦承和接受内心是最大力量的来源，也是最大的弱点。从小接受的教育让我们认为，力量来自于智慧而非感情。要从内心出发，我们必须先克服对感情和欲望的成见，并且肯定它们具有无比的威力。我们必须跨越自己所画的框框，如恐惧、怀疑、不安全感，放手去拥抱我们的潜能。

2. 发掘激情

发掘激情，包括接触可以激发激情的事物，辨识伴随而来的感受。发掘是一种渐进的过程，可能找到已被遗忘的激情和发掘到新的激情，或确认目前已感受到却不了解的激情。在这个过程当中，你必须面对自己的弱点。

我们就像一只折翼的小鸟，知道自己可以展翅高飞，如今却无力冲高。不管你处于哪个人生阶段，很可能已遗忘了激情。孩提时代，我们完全被感情所左右，我们毫无恐惧放手去做会让我们感动的任何事情，我们沉迷于好友、嗜好和音乐团体。等到长大成年后，我们经常会说服自己这些激情是幼稚且不切实际的。成年后仍未放弃激情的人，通常会认识到，必须有所节制，才能适应现实的世界。不管激情被埋得多深，总是可以把它发掘出来。

如果你从未找到自己的激情，就必须解放自己，让自己去接触各种机会和经验，才能发掘到自己的激情。阅读、上课、和朋友聊天、参加各种活动，都有助于这个目的。如果你还不能强烈感受到会让自己感动的事物，就得花更多的时间去确认。如果你喜欢和朋友一起上健身房，那么真正让你迷上这件事的原因是什么？健身或吵闹的音乐让你感到兴奋？或者是友谊的培养？检讨自己的经验和触动你的感受，就可以决定自己的激情所在。此时，你才可以利用激情去改善生活。

3. 澄清目的

一旦发现和确定自己的激情后，必须弄清楚发挥激情的目的所在：是追求名利、个人成长，还是丰富人生、追求世界和谐？你所界定的目的，将决定你追求激情的方式，也将提供执行激情计划的理由。

4. 确定行动

在确定目的后，需要拟订一个行动计划，确定采取哪些行动来实现目的。有人或许会认为，激情是一股不受限制、自然发生的力量，似乎不可能跟着计划走。的确，激情的威力强大无比。但为了让它生生不息，需要赋予它一个蓝图，借着激情的扩大，可增强激情的威力。

5. 热心推动

一旦计划拟好，下一个步骤就是执行，这个步骤让你的激情开始接受考验。发现、确认激情，并拟好计划后，你还要努力将激情融入生活，否则，一切都徒劳无功。

把激情付诸行动的第一个步骤最困难，因为这可能要求你脱离安全地带，冒一定的风险。每个人所面临的风险都不相同，但回报却是相同的。有人须克服恐惧、放下自尊、牺牲稳定收入，但只要克服这些问题，燃烧激情的每个步骤会变得更轻松。你会更懂得享受经验，更有信心做出选择，让自己的人生更加美好。

一旦你投入激情去执行计划，你看到的将是机会、可能性，而不是障碍、限制。你将亲身目睹激情的威力，并了解什么是推动成功和改变的一股重要力量，你会开始创造自我的成功模式。简单地说，你会成为激情者。

6. 持续追求激情

实现目标或许需要长期计划来推动。成功之路或许没有捷径，也可能崎岖难行。面临障碍或意外状况时，你的激情可能会降温。此时，你必须深入内心，并找到坚持下去的理由。人类的最大弱点之一是喜欢找借口。我们放弃节食，却怪减肥食谱无效；勉为其难地推行新年度解决方案，却怪规划时有明显的错误；放弃梦想时，却怪这个理想太愚蠢。放弃目标，我们总是可以找到借口或理由。

坚持到底或许是激情计划最难的一部分，但想要生活改变，激情让你具有一项独特的优势。你的心已经投入，如今，你所面对的挑战是让头脑和意志加入行列。

不管你多么富有激情，执行计划时仍会面临阻碍和挑战。当你面临这些困境时，就回到改变的源头——激情，它会提供你实现目标所需的精力和激励。

如果你忠实于自己的激情，而且认真执行上述几个步骤，就可以达到自己所寻求的结果，也可能会有一些意外的收获。因为激情会把你带到更高层次的生活水准，为你敞开世界，让你扩大视野。它也会让你有新的认识，有助于自我实现，并且进一步点燃你的激情，让你迈向更大的成就和喜悦。

把自己开发成一座宝藏

发掘自己被忽略的潜能，可以让你重新找到自己的闪光点，让你重拾自信，摆脱困扰。下面的测试可以帮助我们找到自己内心未知的潜能。

1. 想象一下下面的情景，在一条河上有两艘船，都向着一个桥洞驶去，你认为结果会是怎样的？

A. 船通过桥下继续前进

B. 可能会碰到桥

C. 回头

2. 在河边的山上有一条隧道。路面上有一辆汽车在行驶，你觉得这辆车是即将要驶入隧道，还是刚从隧道驶出来的？

A. 刚驶出隧道

B. 正要驶入

C. 不知道

3. 河上有一座桥，上面有一位女子，你认为她正在做什么？

A. 正在想水有多深

B. 正在寻找迷路的朋友

C. 眺望美丽的风景

4. 在远处有一座大山，你想说的一句话是：

A. “好壮观的山啊！”

B. “看起来很像一张人脸。”

C. “看起来很像一个人的背影。”

5. 如果将前面四个问题中的场景组织成一幅画面，要你为这个地方取个名字，你觉得下面哪一个最合适？

A. 恶魔之乡

B. 迷失之乡

C. 梦幻之乡

6. 在这些事物组成的画面中，你觉得下面的哪一样给你的印象最深刻？

A. 桥上的女人

B. 远方的山

C. 两艘船

心灵分析：

选A计1分，选B计3分，选C计5分。

11分以下：你具有领导魅力，你的人格魅力是不言而喻的。在一个群体中，你总是充当着众人推崇和仰慕的角色，你的地位是高高在上的。

12～17分：你有超强的行动力。你总是能用及时行动的方式为自己的思想做出最好的诠释。

18～23分：你有着缜密的分析能力。你就像一个冷静的侦探，遇到问题时总是依靠自己超强的判断能力去分析，把问题的每一个环节都分析得清清楚楚，拨开迷雾看到事情的本质，属于典型的“头脑清晰”类型。

24～30分：你的想象力丰富，具有很强的创造力。

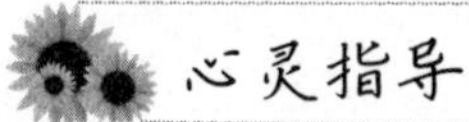

心灵指导

人的潜能是巨大的，但是如果任凭它沉睡，不去唤醒它、点燃它、引爆它，就不会产生实际效用，没有丝毫价值。只有实现由潜能到实力的转化，变巨大潜能为巨大实力，才能够获得成功。那么，我们在当下该怎样去开发自己的潜能呢？

充分考虑自身的天赋、资质等客观条件。根据自身的天赋和资质，特别是根据自身的优势和特长来确定应当着重开发的潜能。这样便能使潜能的挖掘事半功倍。

科学家珍妮·古道尔在选择行业前清楚地知道，她并没有过人的才智，但在研究野生动物方面，却有超人的毅力、浓厚的兴趣，而这正是干这一行所必须具有的素质。所以，她没有去从事数学、物理学等领域的工作，而是进入到非洲森林里考察黑猩猩，终于成了一位有成就的科学家。

汤姆逊由于“那双笨拙的手”，在处理实验工具方面感到很烦恼，因此他的早年研究工作偏重于理论物理，较少涉及实验物理。他找了一位在做实验及处理实验故障方面有超常能力的年轻助手，这样他就弥补了自己的缺陷，努力发挥自己的特长，巩固了自己在物理界的地位。

人人都有自己的优势所在，人人都有自己的最佳发展区。开发潜能一定要根据自身的天赋、资质等客观条件，大力开发优势潜能，否则，费时费力还没有成效。

现代教育观提出：由于每个人的特点不同，每个人都应当有自己的课程。每个人开发潜能，一定要根据自身特点，设计出开发、利用潜能的蓝图。

毕业于哈佛大学的一名学生，生活十分糟糕，为此他怀疑自己的能力是否只能让他过这样的生活。在他听了著名心理学家墨菲讲的几堂心智科学的课之后，他对墨菲说："我一生中的每一样事情，都乱七八糟的。我失去了健康、财富和朋友。每一件事情一碰到我，就会出毛病。"

墨菲告诉他："在你的想法中，应该先建立一个大前提，那就是你的潜意识的无限智慧会引导你，使你在精神、心智和物质各方面，都朝着好的方向走。然后你的潜意识就会自动地在你的投资、决心各方面给你睿智的指导，并且治好你的身体，恢复你心灵的和平与宁静。"

下面就是墨菲为这位哈佛毕业生建立的大前提：

"无限的智慧在各方面引领、指导我，我会有完美的健康；调和的定律在我的心灵和身体方面发挥作用，我会有美、爱、和平和富足；正确行动的原则和神圣的意旨，将控制着我的整个生活。我知道我的大前提是置于生命的永恒真理之上，而我更知道并且相信我的潜意识，会根据我意识想法的性质而产生反应。"

这位哈佛毕业生由此受到了启发，他写信告诉墨菲："一天有好几次，我会带着爱心缓慢而平静地重复着前面的几句话，知道这些话会深入到我的潜意识中，而结果必定会跟着出来。我非常感激你对我的谈话，而我要指出我的生活各方面都向好的方向发展。这种办法真有效。”

适时增加压力，也可以激发潜能。虽然人的潜力是无限的，但只有在一定条件下，才能最大限度地激发自身的潜能。逆境也是开发人体潜能的动力之一。

著名科学家贝弗里奇说：“人们最出色的工作往往是在逆境中做出的，思想上的压力甚至肉体上的痛苦，都可能成为精神上的兴奋剂。很多作家、画家平时灵感难寻，只有在交稿时间迫近造成的压力下，大脑里才容易闪现出灵感。”

创造学之父奥斯本认为：“多数有创造力的人，其实都是在期限的逼迫下从事工作的。决定了期限，就会产生对失败的恐惧感，因此，工作时加上情感的力量，会使得工作更加完美。”他还说：“谁被逼到角落里，谁就会有出奇的想象力。”

当然，压力不能过大，压力适度，不但是行动的最好保障，而且往往能把潜能发挥到极致，创造出令人震惊的奇迹。

跳过阻碍你发挥内心潜力的障碍

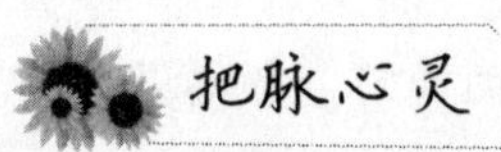

今天是你倒霉的一天，相爱的恋人分手了，工作压力也让你觉

得不堪重负，躺在床上辗转反侧难以入睡，窗外寒风凛冽，你觉得自己的感觉简直糟透了。你干脆起来无奈地在周围闲逛，那些出现在你眼前的事物都让你烦不胜烦，更加郁闷不已。如果让你选择以下四项中的一项从自己的眼前消失，你会选择哪一项？

A. 花坛

B. 小秋千

C. 流浪狗

D. 小孩子

心灵分析：

选A：你是个不会轻易把自己的心事吐露给别人听的人，尽管你很烦闷，但是你还是会选择把这些都压抑在心中，自己慢慢来消化。

选B：你是个心直口快、心里藏不住事的人，自己怎么想就怎么说，从来不管别人爱听不爱听，你很容易得罪人，常给自己设置很多人为的障碍，这正是局限你发挥潜力的原因，你需要改进处世方法，改善人际关系，你可以从自己的说话方式入手，“三思而后说”对你而言非常必要。

选C：你是个大肚肠的人，大得眼里根本就没有别人，你自然不会去注意一些细节，尤其是那些让别人很不舒服的细节。所以，在别人的眼中，你是个比较自私的人，自然也就不被别人喜欢了，多换位思考，多体谅别人一点。

选D：你是个很会隐藏自己的人，在别人的面前，你总是隐藏自己的真正本意，而又因为太在乎别人对你的看法，导致自己不能尽情地表现自己的才能。请多表现真正的自己，只有这样，你才能发现自己的潜力。只有努力去冲破束缚和阻碍，你才能最大限度地发挥潜力，成为真正的强者。

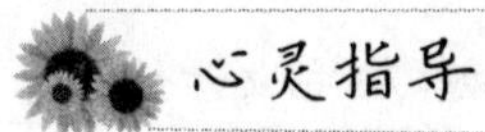

心灵指导

很多时候，人最大的悲哀不在于他们不努力，而在于他们总爱给自己设定许多的条条框框，这样一来就会在无意之间限制了他们想象的空间。看似一天到晚在忙碌，实际上自己已经套上了可怕的“金箍罩”，试问，这样还谈什么成功呢?

科学家曾做过一个有趣的实验:

他们把跳蚤放在桌上，一拍桌子，跳蚤立即跳起，跳起高度均在其身高的100倍以上，堪称世界上跳得最高的动物。然后他们在跳蚤头上罩一个玻璃罩，再让它跳。第一次跳蚤就碰到了玻璃罩，连续多次碰壁后，跳蚤改变了起跳高度以适应环境，每次跳跃高度总保持在罩顶以下。接下来，科学家逐渐改变玻璃罩的高度，这使跳蚤都在碰壁后主动改变跳跃的高度。最后，玻璃罩接近桌面，这时跳蚤已无法再跳了。于是，科学家把玻璃罩打开，再拍桌子，跳蚤仍然不会跳，变成“爬蚤”了。

跳蚤变成“爬蚤”，并非是它已丧失了跳跃的能力，而是由于一次次的受挫使它学乖了、习惯了、麻木了。最可悲之处在于，实际上玻璃罩已经不存在了，它却连“再试一次”的念头都没有了。玻璃罩已经罩在了它的潜意识里，罩在了它的心灵上。行动的欲望和潜能被自己扼杀了！科学家把这种现象叫作“自我设限”。

自然科学家法布尔也曾利用毛毛虫做过实验。这些毛毛虫总是盲目地跟着前面的毛毛虫走，所以它们又叫游行毛毛虫。法布尔通过精心安排，使它们围着花瓶的边缘走成一个圆圈。花瓶的旁边则放了一些松针，这些松针是毛毛虫最喜欢的食物。毛毛虫开始绕着花瓶走，它们一圈又一圈地走，一连7天7夜，它们都一直围着花瓶转圈圈。直至最后因饥饿与筋疲力尽而死去。事实上，在不到6寸远的地方就有很丰富的食物，但是它们却饥饿而死，这样的结局未免太过悲哀。

现实中，有许多人也都像毛毛虫一样，选择放弃主宰自己的生命和命运，按别人的意愿过日子，永远没有自己的主见。我们稍加注意就可以发现，这种人最明显的特点就是盲从，他们没有自己的目标，就像一艘没有舵的船，永远都是漂泊不定、随波逐流，当然，这样的船永远也到不了彼岸。

许多人都会不可避免地犯毛毛虫所犯的错误，结果只从丰富的生活中获得了很小的一部分。他们跟着大家的想法行事，从来都不敢有所创新。他们遵循既定的方法与步骤，之所以选择盲从，只是因为“大家都那样做”和“大家都认为应该那样做”。这个毛毛虫小实验的结果告诉我们这样一个道理：常人的悲哀不在于他们不去努力，而在于他们总爱给自己设限。

如果我们敢于打破自我设定的障碍，多一点创新与超越，少一点盲从，那么我们的世界就会截然不同。

超越自我是生命的要求。尼采曾说过：“生命企图树起自己的云梯，它渴求眺望到遥远的地方，渴望着最醉心的美丽——因为它要求向上！”

自我超越的原则是：不能就此止步，没有最好，只有更好。一旦你在心中决定超越今天的自己，那么你就一定能取得不可思议的成绩。因为设定了一个更高的自己，你就永远处于不断追求、不断突破的状态中，怎么可能不进步呢？

生活中，很多人都有过这样的经历：实现了一个目标后，自己好像浑身有使不完的劲儿，往往立即精神抖擞地投入到下一个目标中，好像只有这样才觉得日子充实而有意义。如果达成了一个目标，而不知道下一步做什么，我们就会很快变得迷茫。因此，自我超越的最好方法是不断给自己制订出后续目标。

勇敢是打开心灵宝藏的钥匙

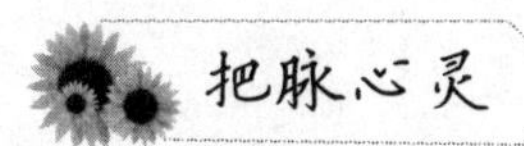

研究表明，勇敢的人比常人更自信，智商也较常人高。勇敢的人更容易激发体内未开发的潜能。你是个勇敢的人吗？做一下下面的调查吧！

1. 勇气是：

a. 做正确的事情

b. 不过多考虑

c. 支配恐惧

2. 夜晚，突然听到房间里有奇怪的声响，你会：

a. 赶紧起床开灯看看

b. 辨认声响来自何处

c. 确定有人，最好还是假装熟睡

3. 抵制诱惑（如暴饮、酗酒、花钱等）同样是一种勇气，你会：

a. 罪恶感不让我屈服

b. 很难抵制

c. 保持神志清醒

4. 当你被卷进一件不公平的事情的态度是：

a. 仔细观察形势，弄清楚究竟发生了什么

b. 事态严重滞后才会行动

c. 会因为受害者的求助而跳出来

5. 认识到自己的错误需要勇气：

a. 没勇气承认

b. 很容易做到

c. 这很困难

6. 你用哪种方式表现自己的勇气：

a. 通过思考

b. 通过理智

c. 通过努力

7. 你是其他人的榜样吗？

a. 不用刻意做，你总能成为他人的榜样

b. 从不

c. 几乎不会

8. 做了愚蠢的赌注，要从十米高台上跳水，所有人都看着你，你会说：

a. 就是三秒钟的事，就跳这一回吧

b. 说了就要做

c. 我再不做这种蠢事

9. 你的座右铭更倾向于：

a. 只要倾听勇气的声音，只要他不说话，我就不会行动

b. 不经历危险，就无法发现勇气

c. 投入危险之前要预见

10. 要向一个人宣布坏消息：

a. 长时间考虑怎么表达

b. 你会尽快直接说完

c. 说出口之前很难入睡

11. 做出勇敢的举动后：

a. 为之感到轻松和骄傲

b. 会意识到能给自己带来烦恼

c. 你会觉得这是一种习惯

12. 房间里有五百人等着你发言之前，你会怎样安抚自己：

a. 拿着发言稿反复温习

b. 不停地说："会成功的。"

c. 你不停地踱来踱去

心灵分析：

1～3及10～12题：a项归A类，b项归B类，c项归C类。

4～6题：a项归C类，b项归A类，c项归B类。

7～9题：a项归B类，b项归C类，c项归A类。

九个以上A或B或C：在这类型表现很突出。

五至八个A或B或C：表现出一部分这种类型的特质。

五个以下A或B或C：这类型人特征在你身上很少出现。

A类型人：你的勇气是经过深思熟虑的；你会出于道德因素而变得勇敢。

B类型人：你的勇气表现为激动和冲动；你不会提出更多问题，甚至感觉不到自己的勇敢。

C类型人：对于这类人来说，勇气并不是礼物，而是挣扎；你会颤抖、犹豫，但你也会上前。

心灵指导

潜能是一座巨大的宝藏，勇敢就是打开这座宝藏的钥匙。我们常听说，天赋、运气、机会是成功的关键因素，不过，通过成功人士的考察，你还会发现他们身上都有这样特点：敢想敢做，而且敢于面对失败。

敢想不是空想，更不是胡想。敢想是一种勇气，不怕做先例的破坏者，不畏惧做第一个吃螃蟹的人。敢想，可以使一个人的能力发挥到极致。

柯特大酒店位于美国加州的圣地亚哥市，是一家历史悠久、生意兴隆的老牌酒店。随着社会的发展、游人的增多，该酒店原先的电梯不可避免地显得过于狭小。酒店老板决定更换旧电梯，他重金聘请了全国技术一流的建筑师和工程师，商讨设计改建方案。

专家们经过详细的计算和激烈的讨论，得出的结论是：为了更换一部新电梯，酒店必须停业一个月。当时正是旅游旺季，酒店老板无论如何都不能接受这个决定。于是他一再要求专家们再看看、再想想，是不是还有其他的办法。

可是专家们强调，这是唯一的办法了。

此时，一名清洁工在拖地时听到了他们的对话。他下意识地插嘴道："如果是我，我会直接在屋子外边装上电梯。"

专家们顿时为这个新奇的想法诧异得说不出话。这个方法可行，而且不影响饭店正常经营。最后这家酒店采纳这个以前从没人想到的新方法，不但没有停业，而且吸引了更多的顾客。这部装在屋子外面的电梯成了建筑史上的第一部观光电梯。

这个清洁工敢想，因为他的思维没有定式，当专家们都在电梯太小——拆电梯——修新电梯的单向思维中转圈时，他跳出了这个窠臼，所以，他让思维爆发出惊人的火花。

敢想，还要敢干。这个清洁工想到了，而且说出来了。试想，有多少好想法是扼杀在人的大脑中的？如果当时这个清洁工犹豫一下：这些事是专家们的事，跟我无关，我多什么嘴？万一说错了，惹人耻笑还是小事，说不定老板觉得我不稳重，会炒我鱿鱼呢？可能他再也不会开口，而是继续认真拖地。那么，建筑史上的第一部观光电梯的诞生，就不知要延后到哪年哪月了。

所以我们说，行动才是力量。唯有行动才可以改变你的命运。对跋涉在成功道路上的人来说，只要捕捉到机会，一定要善加运用，同时借助激情与坚定的意志，孜孜以求。只要有这样的信心和勇气，什么样的困难都会退避三舍。

你知道从非洲走到美国有多难吗？一个16岁的男孩做到了。他叫黎格逊·凯伊拉，住在非洲国家马拉维北部的一个小村落里。有一天，当他看了《林肯传》之后，深受感动，他与妈妈商量：“我想走到美国去上大学，您会让我去吗？”

稍微有点常识的人可能都会觉得这个孩子疯了。不过他妈妈并不知道美国在哪里，所以她几乎是不假思索地说：“你可以去，什么时候动身呢？”

黎格逊·凯伊拉知道从非洲走到美国，有无数的崇山峻岭，更要渡过江河湖海。然而也许是非洲的土地赋予了他敢想也敢做的勇气，他很冷静地说：“我明天就出发。”

第二天，他带着妈妈准备的玉米饼就出发了。

他从一个村子出发，到下一个村子休息，用工作的方式解决吃住问题。当他穿过了乌干达，找到了喀土穆当地的美国领事馆，他得到了热心的美国领事的帮助。

几个月之后，在史卡吉特谷学院的大力帮助下，凯伊拉穿着平生第一套学生装和第一双鞋子，如愿以偿地走进了学院的大门。

凯伊拉说：“当上帝把一个看似不可能实现的梦想放在我们心中的时候，就已经是对我们的莫大关爱了。我们要牢牢记住，在任何艰难险阻面前，都没有气馁的理由。如果气馁了，就要鞭策自己，马上振作起来。只要我们唤醒了自己心中的巨人，就会拥有激情、勇气和力量，就会义无反顾地向前、向前、再向前。”

只要你敢，在这个世界上，没有登不到顶的山，没有渡不过去的河，也没有走不完的路。很多人不敢“做”的真正原因在于害怕失败，在于恐惧。

其实，克服恐惧的最好的办法就是：立刻去做！许多上台演讲或者表演的人都有过这样的经验：在台下时常常会心神不宁，觉得恐慌、焦虑，并且，等待的时间越长，担忧和恐惧感就越强。而一旦上了台，往灯光下一站，那些紧张、恐惧和不安便立马烟消云散了。

人和人先天的性格本来就是有差别的，有的懦弱害羞、内向沉静，而有的坚强勇敢、热情开朗，这无可厚非。不过，无数成功的例子表明，成功总是属于那些喜欢挑战并能在与困难做斗争的过程中坚持胜利的人。

人生成败，全系在一个“敢”字，敢想，而且敢做，并且永不气馁，永远按照积极思维的原则努力，这就是凯伊拉能从非洲赤脚走到美国的根本原因，也是大多数成功者共同拥有的气质。

第二章

保心药膳：给自卑的心灵来次“食补”

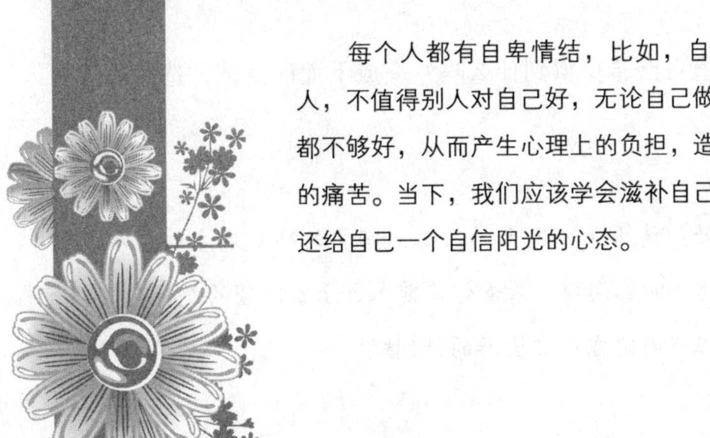

每个人都有自卑情结，比如，自己不如别人，不值得别人对自己好，无论自己做什么事情都不够好，从而产生心理上的负担，造成心理上的痛苦。当下，我们应该学会滋补自己的心灵，还给自己一个自信阳光的心态。

为自己点亮希望的明灯

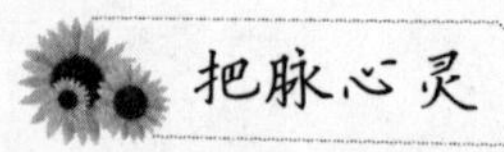

把脉心灵

你想知道自己希望得到什么吗？完成下面的测试，选择适合自己的答案。

测试开始：请由第一题开始，依照回答的项目后方的指示，到下一个题号继续回答问题，看看你目前工作上最渴望的是什么。

1. 你是否有固定在假日出游的计划呢？

A. 是→2

B. 否→3

2. 选择电器用品时，你通常会考虑以下哪一方面最多？

A. 品牌有保障→4

B. 便宜耐用→6

3. 心情不好时，你会跟朋友一同去唱歌吗？

A. 会→2

B. 不会→5

4. 你常看娱乐节目吗？

A. 是→9

B. 不是→7

5. 你是否常有自杀的念头？

A. 是→10

B. 否→6

6. 你会不会关心政治，看一些政治新闻呢？

A. 会→7

B. 不会→8

7. 在公司上班，你是否常常期待赶快下班？

A. 经常→8

B. 偶尔→9

8. 通常下班后，你都是直接回家吗？

A. 直接回家→C类型

B. 四处逛一逛再回去→10

9. 你有买股票或是常看财经版的新闻吗？

A. 有→A类型

B. 没有→B类型

10. 你是否常对路上横行霸道不守规则的车子感到愤怒不满？

A. 是→D类型

B. 否→C类型

心灵分析：

A类型：最希望升迁发财。你目前有一个收入颇丰或是工作形态相当稳定的工作。经济不虞的你对工作充满了热情及期待，精神上也充满着活力，开始学习如何享受生活和规划人生。建议你也可以多看书或上网吸收信息，让心灵也跟着一起成长。多帮助需要帮助的人，好运就会一直持续待在你身边。

B类型：最想要感情顺利。没有情人的人会渴望有个情人，有情人的人则是和另一半有感情上的问题。通常你花过多时间在工作和其他事情上是最主要的因素。趁着年轻努力赚钱固然要紧，爱情没有谁欠谁，而是相互依赖，有问题试着和对方沟通，你会发觉谈恋爱其实并没有那么难；提醒你也要注意本身的身体健康。

C类型：最盼望工作顺利。你目前可能还在待业中或是对目前工作形态不满意，或是工作上有人事或人际关系的纷争。

D类型：最需要财源广进。你目前的经济压力颇大，什么倒霉事都会发生在你身上，这使得你情绪不稳，甚至有点反复无常。建议你让生活多点不一样的改变，这样有助于减轻你的焦虑情绪。

心灵指导

每个人对自己的未来之路都有着美丽的设想，憧憬着前行的路上挂满五彩斑斓的希望之灯。但是，生活中总是有很多事情不尽如人意，总让我们在窘迫的现实面前陷入深深的失落与迷惘，这时的你，最需要的是一盏希望的明灯，引领你走向人生的辉煌。

1. 梦想为人生带来希望

人生之美，美就美在追逐梦想而不仅是实现梦想。有梦想的人生才是美丽的人生，才是最有希望的人生。

人可以一无所有，但不能没有梦想。一个人没有梦想，就无法实现任何梦，也得不到想要得到的。人没有梦想，生活就没有了目标，没有了目标，生活也就失去了希望。人生有了梦想，就有了奋斗目标，就能为实现目标去努力，每天都能活在期望里，生活就会非常有意义。

人的一生短暂而平凡，能够成为伟人的屈指可数。大多数人在人类进程中只不过是一颗流星，转瞬即逝。因此，有人感叹“人生苦短”。但是，当一个人连最后的梦想都已死去时，除了把他埋葬之外，已无什么事可做了。的确，没有梦想，又哪来的生活和希望？如果你看不到未来的你，那跟死了又有什么差别呢？你必须追求梦想。一旦开始追逐梦想，生命便会苏醒，每件事都充满了意义。你将发现，混日子与专注于个人钟爱梦想的两种生活，差别有多大。

我们会成为什么样的人，会有什么样的成就，就在于做了什么样的梦。倘若开花是树的梦想，那么结果就是梦想的兑现。不同的梦想产生不同的果实，滋味也各有不同。梦想无好坏、大小、高低、贵贱之分，它只是人们心中的一颗星，在天空闪闪发光，指引你前进的方向。

不管梦想是否能成真，在我们实现梦想的过程中，只要去努力了，就不要在意结果。重视过程，活在过程中的人，才能过得有滋味、有乐趣。人生之美，美就美在过程，而不是结果；人生之美，美就美在追逐梦想而不仅是实现梦想。

你的梦想是什么？你想成为什么样的人？能说出自己梦想的人，就会比没有梦想的人有更多的机会去实现他们的梦想。

2. 人生最好的礼物是拥有希望

带着希望上路，满怀希望地迎接新的太阳，人生之乐也许就在于此。

希望看似无形，其实是股强盛的生命力。拥有它走人生的路，犹如生命有了后盾，生活有了前瞻，进退有靠有据，不会茫然惶恐。没有希望，生活容易疲乏，生命欠缺光彩，不知不觉中，已成为行尸走肉、生命的游魂，过一天是一天，度一年算一年，生活已无意义，生命已失价值。

亚历山大大帝远征波斯出发之前，他将所有的财产分给了臣下。大臣皮尔底加斯感到有些疑惑，问道："陛下，那么你带什么起程呢？"

"希望，它是人生最好的礼物。"亚历山大回答说。

听到这个回答，皮尔底加斯说："请让我们也来分享它吧，财产不是我们最想要的。"于是，他谢绝了分配给他的财产。

亚历山大带着唯一的希望出发，却带回来所要征服的全部。

在人生的四季中，不尽是秋天收获的喜悦，也有寒冬的冰冷和萧索。我们在追求成功的旅途中，不尽是掌声和鲜花，还有挫折和泪水。所有的这一切都是我们即将要面对和正在面对的，但是，只要我们心存美好的希望，我们就能从容地面对生活的得失，穿越人生的悲苦。

3. 播下希望的种子

为自己的希望而努力，播下希望之种，才能在人生中有所收获。

每个人都有各自的希望，人生的各个时期也都有不同的希望。成就人生的人，有了希望后，懂得为自己的希望而努力，播下希望之种，才能在人生中有所收获。

人生道路不会一路平坦，经历坎坷才能见彩虹，经历了坎坷的人生，才是完美的人生。坎坷丰富我们的人生，只要坚定实现希望的信念，我们就能走出人生的沼泽地。

在语文课上，老师给小学生出了一道作文题：“我的志愿”。

一个小学生在他的本子上，飞快地写下了他的梦想：“我希望将来能拥有一座占地十余公顷的庄园，在辽阔的土地上种满茵茵绿草。庄园中有无数的小木屋、烤肉区及一座休闲旅馆。除了自己住在那儿外，还可以供前来参观的游客分享，有住处供他们休憩。”

这位小学生的作文被老师要求重写。他仔细看了看自己所写的内容，并无错误，便拿着作文去请教老师。

老师告诉他：“我要你们写下自己的志愿，而不是这些梦呓般的空想，你知道吗？”

小学生据理力争：“可是，老师，这真的是我的志愿啊！”

老师坚持道：“不，那不可能实现！那只是一堆空想。我要你重写。”

小学生不肯妥协：“我很清楚，这才是我的梦想。”

老师摇头：“如果你不重写，我就不会让你及格。”小学生坚决不重写，而那篇作文也只得到了大大的一个“E”。

三十年后，这位老师带着另一群小学生到一处风景优美的度假地旅行，尽情享受着无边的绿草、舒适的住宿，以及香味四溢的烤肉。而这个地方，恰恰就是那位得“E”的学生的度假庄园。

坎坷的人生才是精彩的人生，那位得“E”的学生在经历多次失败以后，吸取教训，终于走向了成功。

每个人离梦想的距离都是相等的，只要你拥有希望，勇敢地面对困难，不要有畏惧心理，并不断地坚持下去，你就会发现，你离梦想的距离越来越近。

4. 有希望就不会绝望

调整好自己的心态，从自己身上挖掘到希望的种子。最终会走向成功。

在生活中，有不少人面对激烈的竞争，常显出措手不及的惊恐状，面对强手始终觉得自己是一个弱者，随时都有可能被迫退出人生舞台。但纵观历史的长河，不难发现，有许多大师都是历经磨难，通过调整自己的心态，从自己身上挖掘到希望的种子，最终走向成功。

相信“能”的人才会赢

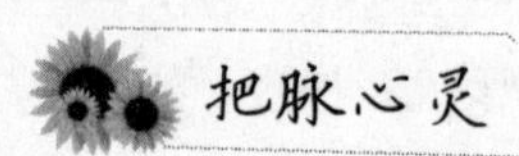

很多人其实非常有实力，可是因为不够相信自己，最终导致了与成功擦肩而过。你是否足够地相信自己呢？赶快来测试一下吧！

请用“是”或“否”来回答以下各题。

1. 在你遇到难事时，会不会因为害怕别人的嘲笑而不愿意寻求帮助？

2. 别人陷入麻烦时你会不会幸灾乐祸？

3. 你平时喜欢向人炫耀。

4. 你觉得学习是一件非常重要的事情。

5. 你觉得入乡随俗是件困难的事。

6. 你把自己的面子看得很重。

7. 你对陌生的环境会有一点恐惧感。

8. 常常会问自己是不是真的很棒。

9. 你常觉得自己是不利处境下的牺牲品。

10. 你的虚荣心极强。

心灵分析：

回答“是”计1分，“否”计0分。

0～2分：你的自信心非常强，而且人际关系也不错。

3～6分：你的自信心不是十分充足，做起事来也不够果断。这也许能使你安于现状，生活在一种平静无事的环境中，如果你认真反思一下，你会发现自己有很大的进步空间。

7～10分：你是一个非常缺乏自信的人，即使在表面上你自信、自负或自傲，事实上这只是你掩盖自己真实情境的一种方式。所以，你需要从内心深处认可自己。

心灵指导

布鲁克斯说：“只要你坚信自己行，只要你的目标不是过分高，就算你经历再多的挫折，也会有成功的一天。”在这个世界上，多数人观望，少数人行动；多数行动的人失败，少数行动的人成功。这是不是就意味着，成功并不容易？当然不是。成功，其实全在于你的信念。

有一个少年，被检查出患了一种会引发失明的疾病。随后，他的母亲就把他送进医院进行治疗。但是，这种治疗并不是百分之百有效，尤其是对身体免疫力较差、情绪低落的少年来说，治疗的效果可能要更差一些。

为了让儿子多晒晒太阳，提高其免疫力，母亲就在照顾儿子的时候不经意地说了一句："白天阳光太强烈了，看不见光子。但太阳刚刚升起时，阳光不那么强烈，迎着太阳深深地呼吸，就可以看见光子了。"

少年听到这句话，沉默了。此后，他每天早上都早早起床去等候太阳升起，感受早晨的阳光。不久，他的病情竟然奇迹般的好转，失明的迹象也没有了，随之出院。

出院后，他问母亲，光子对他的眼睛究竟有什么帮助？这时，他的母亲才知道，儿子误会了自己的意思。她只不过是希望用一些让儿子感到惊奇的事物来督促他早早起床，晒晒太阳，提高免疫力，没想到儿子竟然将这个物理学上的概念与眼睛的健康联系在一起，而且还真的让它发挥了作用。

这种不可思议的事情之所以会发生，是因为男孩具有强烈的"自我效能感"。"自我效能感"是由美国心理学家班杜拉提出的一个概念，是指个人对自己能否完成某方面工作能力的主观评估。

20世纪末，班杜拉在他的研究中捕捉到积极思维的力量，并因此提出了自我效能的理论。该理论认为，一个人能否对自己进行某种行为实施能力的推测或判断，即他是否确信自己能够成功地进行能够带来某一结果的行为，当答案是肯定的时候，他就会产生高度的"自我效能感"，并去进行那一项活动。

可以说，“自我效能感”就是人们认为自己能够成功完成某一任务的信念。一个人是否采取某一具体行动，完成一项具体任务，或者努力实现一个具体目标，都取决于他这个信念是否强烈。

需要注意的是，自我效能是高度具体化的，是对具体能力的具体知觉，而不是一种普遍性的控制。这就意味着，如果你想知道一个人能否做好他的工作，你就需要知道他在做那一项工作方面的“自我效能感”的强弱，而不是看他是否认为自己是一个有能力的人。

罗斯福年轻时，洒脱俊秀，才华横溢，深受人们爱戴。某日，罗斯福在加勒比海度假，游泳时突然觉得腿部麻木，动弹不得，经他人挽救才避免了一场悲剧的发生。大夫诊断后证明罗斯福得了“腿部麻木症”，大夫对他说：“这可能会严重影响您正常的行走。”罗斯福并未被大夫的话吓倒，反而笑呵呵地对大夫说：“我还要走路，并且我一定能走入白宫。”

在竞选总统时，罗斯福对助手说：“请安排一个大讲坛，我要让所有的选民看到我这个患腿部麻木症的人可以‘走’上台演讲，而不需要用什么手杖、轮椅！”当天，他穿着笔挺的西装，眼神充满自信地从后台走上演讲台。他的每一步都让在场的人深深地意识到他坚强的意志及信念。

后来，罗斯福成为美国政治史上唯一一位连任四届的伟大总统。

“我能行”“我可以”……拥有类似于此的乐观信念正是很多人成功的因素。这是因为，每一个人的每一种行为的启动及行为过程的维持，都取决于其对自己相关行为技能的预期和信念。

这就意味着，在素质相近的条件下，那些对自己实现特定目标的能力有信心的人往往会坚持得更久，进而更可能获取成功；而那些认为自己“不行”的人，则因为迟迟不肯行动或者无法坚持到底，使得潜能无处发挥，其挑战往往以失败而告终。

金无足赤，人无完人

你想知道自己的缺点和优点吗？完成下面的两道题吧！

假设时间的罗盘指向2106年，世界上最著名的医药公司，究其一世纪的智慧和精力，制造提炼而成了一颗世间独一无二的药。

1. 你认为这颗药能够：

A. 包治百病

B. 延长十年寿命

C. 让人容颜长驻

2. 你认为这颗药的价值会有多高？

A. 一个小国家

B. 一座金山

C. 一位美人

心灵分析：

这个测试，能够帮助你了解自己性格中的优势和弱点。

第一个问题测试你的优点：

选A：你乐于助人，看到别人遇到困难就好像自己遇到困难一样，你的热心肠让你有很多的朋友。

选B：你坚强且有毅力，遇到困难和挫折，你反而会越挫越勇。在工作中你可能起步较低，但是会比较容易得到好的发展。

选C：你的乐观精神让你度过一个又一个困境，你是那种可以用微笑应对一切的人。

第二个问题测试你的弱点：

选A：过于自信可能是你最大的弱点。你往往会自信地承担一些力所不及的工作，最后却得了吃力不讨好的结局。

选B：性子有些急，可能是你最大的弱点了。急性子容易让你把一些情况给弄糟，尽管最后能够挽回，但也让你吃了不少亏。

选C：易信人言。可能你吃过这方面的亏，听信了一些不该听信的话，结果带来了很多麻烦。

心灵指导

“金无足赤，人无完人。”金作为大自然赋予人类的这种稀有的矿产，经过几十甚至上百道工序的沉淀、提炼，它的最高纯度也只能达到99. 9999%，纯度100%的黄金是不存在的。正如生活在这个纷繁复杂的社会中的人一样，没有缺点是不可能的。

有些人正是抓住了自己身上的缺点，肆意放大，从而产生了自卑的心理。

在日常生活中，具有自卑心理的人表现为孤立、离群、抑制自信心和没有荣誉感，使自己成为不受欢迎的人，甚至受到周围人的轻视、嘲笑或侮辱。心理学中，自卑是一种性格上的缺陷，它表现为对自我的能力评价偏低，因而使人忧郁、悲观、孤僻，总觉得自己不如人，总感到别人瞧不起自己。他们事事回避，处处退缩，不敢抛头露面，害怕当众出丑。这是一种消极的心理状态，能导致一个人颓废落伍，产生心理扭曲。

汤迪是一位被自卑的心理影响十分严重的病人，近40岁的他一直未婚。他每天照常上班工作，然而上班时几乎不和同事说话，下班后就把自己关在房间里，从来也不出门，更别说什么其他的社交活动了。由于受这种心理的影响，他换过很多次职业，可每次都干不了多长时间。为什么会这样呢？原来汤迪认为自己存在严重的相貌缺陷，他认为自己的鼻子太高了，耳朵也比正常人大很多。他觉得自己简直是“太丑陋了”“长相太滑稽了”。他感觉上班时接触的那些人都在暗暗地嘲笑他，背地都在议论他的“特别之处”。这种自我想象的心理越来越强烈，终于使他害怕在正式场合露面，也怕在人群中走动，甚至在自己的家里也感觉不安全。他甚至想象他的家人也为他感到“丢人”，觉得他“长得太怪”，跟“别人”不一样。这种自卑的心理几乎把他推向了绝望的深渊。

实际上，汤迪的面部缺陷并不严重。他的鼻子只比一般人稍稍高一点，可称得上是“古典罗马型”；他的耳朵也只是比一般人稍稍大一点，不过，和成千上万人的耳朵一样，丝毫不会引起别人过多的注意。

他的家人在沮丧中带着他一起去找一位外科整容医生，希望能帮助他并挽救他的生命。医生听了他的症状之后，知道汤迪并不需要面容的整形，需要整容的是他“自卑”的心理。整容医生把汤迪介绍给了一位心理学的医生。心理学医生让汤迪了解了这样一个事实：是他靠自己的想象摧残了他的自我，以致他认不清自己。其实他并不丑陋，人们也并没有因为他的外表而取笑他或觉得他奇怪，他的苦恼只是由他的幻想造成的。种种幻想在他的内心形成一套自动的、否定的、失败的机制，并全速开动着。

通过和心理医生谈过几次以后，同时在他家人的帮助下，汤迪逐渐认识到，他现在的处境确实是自己的自卑心理造成的。后来，经过努力，他终于建立起一个真正的自我意象，获得了自信心。

要知道，上帝并没有创造一个标准的人，也没有在某个人身上贴标签说“这个才是标准的人”。他使人类有个别独特之分，犹如他使每一片雪花有个别独特之分一般。

不要拿“他人”的标准来衡量自己，因为你不是“他人”，也永远无法用他人的高标准来衡量自己；人世间不存在没有缺点的人，追求十全十美是不现实的。要相信完美是相对的，重要的是用我们自己的努力来弥补。

人们常说“人贵有自知之明”，这个“明”，既表现为如实看到自己的短处，也表现为如实分析自己的长处。如果只看到自己的短处，似乎是谦虚，实际上是自卑心理在作怪。

有一位挑水夫，他有两个水桶，分别吊在扁担的两头，其中一个桶子有裂缝，另一个则完好无损。在每趟长途的挑运之后，完好无缺的桶子，总是能将满满一桶水从溪边送到主人家中，但是有裂缝的桶子到达主人家时，却剩下半桶水。

两年来，挑水夫就这样每天挑一桶半的水到主人家。当然，好桶子对自己能够送满整桶水感到很自豪。破桶子呢？对于自己的缺陷则非常羞愧，它为只能负起责任的一半，感到非常难过。

饱尝了两年失败的苦楚，破桶子终于忍不住，在小溪旁对挑水夫说："我很惭愧，必须向你道歉。"

"为什么呢？"挑水夫问道，"你为什么觉得惭愧？"

"过去两年，因为水从我这边一路漏，我只能送半桶水到你主人家，我的缺陷使你做了全部的工作，却只收到一半的成果。"破桶子说。

挑水夫替破桶子感到难过，他充满爱心地说："我们回到主人家的路上，我要你留意路旁盛开的花朵。"

果真，他们走在山坡上，破桶子眼前一亮，看到缤纷的花朵，开满路的一旁，沐浴在温暖的阳光之下，这景象使它开心了很多！

但是，走到小路的尽头，它又难受了，因为一半的水又在路上漏掉了！破桶子再次向挑水夫道歉。

挑水夫温和地说："你有没有注意到小路两旁，只有你的那一边有花，好桶子的那一边却没有开花吗？我明白你有缺陷，因此我善加利用，在你那边的路旁撒了花种，每回我从溪边来，你就替我一路浇了花。两年来，这些美丽的花朵装饰了主人的餐桌。如果你不是这个样子，主人的桌上也没有这么好看的花朵了。"

"尺有所短，寸有所长。"每个人都有自己的优势和长处。如果我们能客观地估价自己，在认识缺点和短处的基础上，找出自己的长处和优势，并以己之长比人之短，就能激发自信心。要学会欣赏自己，表扬自己，把自己的优点、长处、成绩、满意的事情统统找出来，在心中“炫耀”一番，反复刺激和暗示自己“我可以”“我能行”“我真行”，就能逐步摆脱“事事不如人，处处难为己”阴影的困扰，就会感到生命有活力，生活有希望，觉得太阳每天都是新的，从而保持奋发向上的劲头。

“天生我材必有用。”自己给自己鼓掌，自己给自己加油，自己给自己戴朵花，自己给自己发锦旗，便能撞击出生命的火花，培养出像阿基米德“给我一个支点，我将撬动地球”的那种豪迈的自信来！

淡定强大的自信气场

把脉心灵

人生的道路，既会有鸟语花香，也会有激流险滩，不可能一生都总是一帆风顺，人总有不顺心的时候，困难磨砺人们变得成熟，变得勇敢。既然无法逃避困难，那就选择勇敢迎头。那么，困难面前你会有淡定的表现吗？

1. 假如你是写真的摄影师，你最注重于拍摄模特的什么部位？

A. 五官→2

B. 身材→3

2. 你会把每天的心情和经历分享在微博上吗?

A. 不是→3

B. 是的→4

3. 你和恋人外出旅游，你会选择下面哪个地方呢?

A. 都市→4

B. 遗迹→6

C. 海边→5

4. 你对自己的文笔有一定自信吗?

A. 不是→6

B. 是的→5

5. 你对烹饪十分感兴趣吗?

A. 不是→6

B. 是的→7

6. 你对雷人重口味的故事十分感兴趣吗?

A. 不是→8

B. 是的→7

7. 假如你所住的城市遇上了生化危机，你该怎么办?

A. 干脆变成丧尸算了→8

B. 躲在屋子里不出去→9

C. 死命逃离这个城市→10

8. 下面哪个场合对你而言比较尴尬?

A. 上台时不小心跌倒→9

B. 在重要的聚会上迟到→10

9. 下面两个故事，你更喜欢哪个呢?

A. 超人→10

B. 海的女儿→B类型

10. 想象自己把一块石头扔到湖中，你觉得接下来会怎样呢？

A. “咚”的一声后就安静了→A类型

B. 泛起微微的涟漪→C类型

C. 溅起很高的水花→D类型

心灵分析：

A类型四大皆空者。你是一个很有思想内涵的人，困难面前你总是很淡定，能够用积极乐观的心态去开导自己，把困难当作一种成长经历，人生的一种过程。

B类型悲观暗示者。你是一个外表强硬的人，但是因为自我塑造出的坚强形象，你会承受更多压力，因此你的内心也比别人更为脆弱。

C类型两手准备者。你是一个十分有长远眼光的人，深谋远虑的你随时处于警觉状态，不论什么事情都考虑到方方面面，做好两手准备，以备面临失败的局面。

D类型惊慌失措者。你的心理素质还有待加强，遇到大事不能淡定从容，安于现状的你平常只顾着享受安乐的当前，而忽视了困难也会有来临的那天。

心灵指导

淡定是一种气度，一种生活方式，归根到底还是一种心境，一种自信。

淡定是一种品质，是内在心态修炼到一定程度所呈现出来的从容、优雅的感觉。

如果观察身边的人，我们不难发现，如果一个人看事比较淡，处事也不慌不忙，这种人大都心里有主见、有主心骨，也就是有自信的人。因此要想有淡定的气度和人生，需要更多地修炼内心。只有内心强大的人，才能有足够的自信，也才能真正体现出从容、淡定。

试想，谢安如果不是已经运筹帷幄之中，又怎么有定力在军前悠然淡定地下棋？周恩来如果不是对国际国内形势了然于胸，又怎么能在多次国际谈判中保持淡定儒雅的风度？

《三国演义》中的“空城计”可以算是“淡定”的一大典型案例。

诸葛亮痛失街亭后，司马懿乘势引大军而来。当时，援兵未至，诸葛亮身边只有一班文官以及数千老弱残兵。

百般无奈之下，诸葛亮让士兵打开城门，自己披上鹤氅，领着两个小书童，到城上望敌楼前凭栏坐下，焚香弹琴。

司马懿的先头部队到达城下，见了这种气势，不敢轻易入城，便急忙返回报告司马懿。司马懿亲自来到城下，看后疑惑不已，沉思之后，号令前军作后军撤退。

诸葛亮用空城计，固然是不得已之举，但是空城计能成功，不得不说得益于诸葛亮的淡定气度。当天时、地利、人和都无可倚仗的时候，诸葛亮还有自信，以及凭借自信产生的从容淡定。

毫无疑问，正是诸葛亮那种气度吓住了司马懿。试想，如果面对大军，城头上的诸葛亮有一丝一毫的惊慌，那么此城必破无疑。

诸葛亮的自信从何而来？首先是用兵如神的传奇。这个历来阐述颇多，无须赘言。

其次，诸葛亮素来有谨慎之名。所谓“诸葛一生不弄险”。所以，偶尔兵行险招，难免司马懿不敢接招。

淡定不是平庸。平庸的人没有太大的能力，只是很平凡地生活着。而淡定的人有能力去争取自己想要的一切，只是表现得处之泰然、宠辱不惊。不会太过兴奋而忘乎所以，也不是太过悲伤而痛不欲生。

所以，空城计中的诸葛亮体现出的态度，绝非消极地看淡一切，也不是破罐子破摔，虽然铤而走险，但仍然是一种参透形势、洞透人事后的积极选择。我们把这种态度称为淡定。

唐纳德·特朗普曾经是美国最具知名度的房地产商之一，人称“地产之王”，而且他还拥有“财富教父”的称号。但是他的传奇人生充满了坎坷。当他最落寞的时候，曾经只能按照美国破产委员会的规定，靠不超过10美元的午餐生存。

但这并没有打击他的自信，他依旧以玩世不恭的态度，坚持以其独树一帜的交易手腕在商场横冲直撞。他甚至扬言，这正好能提升他的知名度。他说：“自信不是你对自己断断续续地重复‘我会做到’，而是没有任何条件地信任自己，然后，永不停止。”

如何让自己保有淡定的心态呢？简单地说，就是培养自己强大的内心。苏轼曾说，真正的大勇是突然面临一件事而不惊恐。这不仅是一种勇气，更是一种格局。只要你真的相信自己，就会有勇敢表现一种气度，或者表现为一种理性制约下内心的自信和镇定，比如能受胯下之辱最终决胜千里的韩信。

所以，为了开发潜能，我们必须要相信自己，用强大的自信激发内心的巨人。进行积极地自我暗示是个好办法。穆罕默德·阿里和纳芙拉蒂洛娃都说过：“我是最伟大的！”他们自己相信这句话，千百万人也同样相信并且坚定这点。

现在，从今天开始，不妨试试看每天对自己念一百遍诸如“我会越来越有钱”“我非常棒”等一类的话，也许你会发现自己变得不一样。

只要你对自己有充分的信心，那么你不论决定要做任何事情都很快能建立起一种“一心一意”的态度，从而全面发挥从未发现过的潜力，成就你从未想过的事业。这，就是我们引爆潜能的最终目的。

赶走内心自卑的“恶魔”

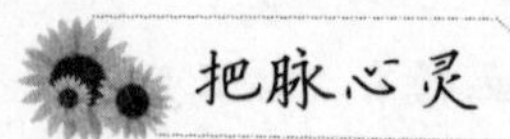

你心里有自卑的“小恶魔”吗？完成下面的测试吧！

对下列题目做出“是”或“否”的回答。答“是”计1分，答“否”计0分。各题得分相加，统计总分。

1. 你觉得像自己这样的年龄应该更高一点吗？

2. 你是否不喜欢镜子中看到的自己？

3. 你觉得你的身体不够强壮吗?

4. 别人给你拍照片时，你对拍出的照片满意吗?

5. 你觉得自己比别人过得好吗?

6. 你是否常常被别人挖苦?

7. 是否看上去很多同学不喜欢你?

8. 你常常有“又失败了”的感觉吗?

9. 你的老师对你的学习成绩是否感到失望?

10. 与同学一起的时候，你是否常常扮演听众的角色?

11. 你经常在心里祈祷吗?

12. 你认为自己使父母感到失望吗?

13. 你是否经常回想并检讨自己过去的不良行为?

14. 当与别人闹矛盾时，你通常总是责怪自己吗?

15. 做某件事情时，你常常缺乏成功的信心吗?

16. 即使不同意对方的观点，你也不习惯当面提出反对意见，对吗?

心灵分析：

0~10分：你充满了自信，只要注意别自满和自负。

11~20分：总的来说你并不自卑，但当环境出现变化时，你也会感到有些难以适应，对自己的能力有所怀疑，但你最终能恢复自信。

21~30分：只要一遇到挫折，你就会感到自己不行。你最好降低一点对自己的期望值，调整自己的追求目标，以便从每次小的进步中享受成功的快乐，逐步建立自信。

“我不行”或“我不配”，是很多人的口头禅，这种说法会对人们形成消极的心理暗示。认定会失败的事情，没有人会强迫自己为之付出很大的精力，于是“不尽力”成了失败的导火索。

一天晚上，在漆黑偏僻的公路上，一个年轻人的汽车轮胎爆了。换轮胎需要千斤顶，他却忘带了。这条路半天都不会有车辆经过，他只能向附近的居民寻求帮助。

年轻人远远望见一座亮灯的房子，决定去那户人家借千斤顶。在路上，年轻人不停地在想：“要是没人来开门怎么办？要是没有千斤顶怎么办？要是那家伙有千斤顶，却不肯借给我怎么办？”

他越想越生气，走到那间房子前，主人一开门，他劈头就是一句：“见鬼！你那千斤顶有什么稀罕的。”弄得主人丈二和尚摸不着头脑，以为来的是个精神病人，“砰”地一声就把门关上了。

在借千斤顶的路上，年轻人步入了一条自我暗示通道，经过不停的否定，他对借到千斤顶已经失去了信心，所以提前做出受挫的表现，破口大骂。在生活中，许多人都会像案例中的年轻人一样，通过一些消极的暗示对自己做出种种“诅咒”，让自己置于失败的境地。

人的一生当中充满了暗示，不论是乐观的、悲观的、积极的、消极的，总是不知不觉地左右着成败，很多人都是被自己的潜意识打败的。

早在19世纪，奥地利精神分析学的创始人弗洛伊德就提出了“潜意识”的概念，如果把人的心理比作一座冰山一角，人的意识便是露出水面的冰山，它占据心理很小的一部分，其余都是潜意识。

潜意识受意识的压抑，是潜藏在意识层之下的情感经验。它在每个人身上都发挥着神奇的魔力，控制人们的行动和结果。潜意识的神奇在于：如果你暗示自己“我不行”，大脑就已经下好了失败的指令，从你的神经系统开始就会产生变化，甚至影响到机体行为，让你真的越变越差。

萨拉身材高挑、气质出众，但她从不跳舞。每次参加舞会，她都会打扮成全场最耀眼的明星，男士们争相邀请她跳舞，她都遗憾地推脱着说自己不会，也不想学习跳舞。

实际上，萨拉从小就专门请家教学过形体和舞蹈，跳得还不错。她说自己总是幻想穿着华丽的裙子翩翩起舞，美丽的舞姿让全场女性都黯然失色，自己就像一个公主受到全场的关注。

但是每次音乐一响起，看到别人也跳得很好，萨拉就会感觉到自己的无能为力，手脚变得僵硬起来，觉得自己甚至不会跳舞。

往往因为不能实现理想中的完美状态，人们就会产生一种无法胜任的自我评估，这种消极的情绪会蔓延到每件具体的事情，使人确信自己真的无法完成这样的事情，以致还没有尝试就已经做好了放弃的准备，这样消极而执拗的人怎么能取得成功呢！

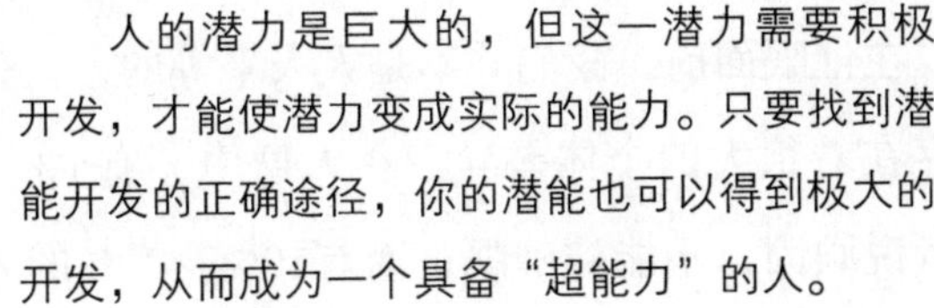

第三章

强心药膳：引爆“超能力”的强心大法

人的潜力是巨大的，但这一潜力需要积极开发，才能使潜力变成实际的能力。只要找到潜能开发的正确途径，你的潜能也可以得到极大的开发，从而成为一个具备“超能力”的人。

催眠心法：唤醒沉睡的潜能

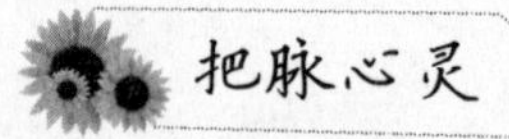

把脉心灵

在催眠面前，我们并不是人人平等的，人是不是容易受他人暗示存在着很大的个体差异：在人群中，有5%～10%的人非常坚定或者说顽固，不能被催眠；而有10%～20%的人能够进入深度的暗示（催眠）状态，大多数人则处于这两个极端之间。做下面的小游戏，看看你是否是个暗示的易感者。

做以下几个小游戏，在游戏中你会发现自己或者身边的朋友是否容易受到催眠（暗示）：

请将你的右手平伸，放上一张白纸。在头脑中默念或请他人代念以下的文字（用缓慢、肯定的语调）："这张纸其实是一块异常沉重的钢板，非常厚，非常重，大得像一座山。它压在你的手上，它的重量你根本无法承受，你的手不由自主地颤抖起来，被它压得往下落去，越落越低，越落越低（重复：非常重，非常重，你的手越来越低……）"

心灵分析：

30秒后，如果你的手真的下沉4英寸或更低，说明你就是暗示易感者。

心灵指导

初听到“催眠”两字，人们很容易将其与睡觉混为一谈。催眠看起来好像与睡觉一样，实际上是两码事，催眠不是睡眠。

睡眠是生理现象，催眠是心理现象。睡眠是人的本能，是为了让脑休息，使脑功能正常运作；催眠是脑功能在特定条件下的一种活动，或者说是一种特殊的心理活动。

睡眠不是一种技术，催眠是一种技术。睡眠不需要学习，人人都会；催眠是种专门技术，要经过一定的学习才能掌握。

睡眠不与外界沟通，催眠与特定的外界沟通。睡眠时脑功能基本上处于休息状态，不与外界沟通，不受别人的控制，若与外界沟通的话，人就醒了；催眠时，大脑还有一部分处在警觉状态，没有完全与外界隔绝，与催眠师保持着单线联系，接受催眠师的控制。可以说，在浅度催眠时，大脑基本上受催眠师的控制；在深度催眠时，大脑完全受催眠师的操纵。

催眠就是跟潜能对话，唤醒潜意识中沉睡的巨大能量。

“催眠不是让你沉睡，而是让你醒来，唤醒的是你的心灵，激发的是你的潜能！”这才是催眠的真谛。

催眠是一种技术，也是一种科学。在精神医学中，催眠被广泛地运用于心理治疗，一直都能获得很好的治疗效果。有人认为催眠就是使别人睡着，然后控制他的技术，这其实是一种误解。催眠大师认为，催眠其实是把控制的能力交给你自己的一种技术。

现在，越来越多的科学证据显示，人潜意识的力量非常强大，如果能够激发潜能的力量，那么人就可以改善自己的身体及心理状态。催眠，就是帮助人激发潜能的一种方法。正如美国潜能大师所说："潜意识的力量比意识的力量大3万倍以上。而催眠正是运用了潜意识巨大的潜能才能产生对人身心方面的诸多帮助。"

在催眠的过程中，我们可以运用语言暗示、氛围暗示以及相应的肢体动作等，来改变人的心理及生理状态，达到开发潜能的目的。这个时候，人的感觉会变得敏锐，集中力、记忆力、学习力也会增加好几倍。

1. 用镜子自我催眠，开发潜能

用镜子催眠自己的效果，不亚于专业催眠师为你施术。

我们都知道，大脑无意识中会进行思维与自我对话。所以，喜欢自己的人会因为得到自己的鼓励与赞美而越来越棒，不喜欢自己的人通常会因为自己内在的指责与批判，而感觉越来越糟糕。镜子其实只是把这种无意识意识化地表现出来。

现在，我们来看看怎样最好地对着镜子喊话来鼓励自己。

首先，你需要有一面镜子。不用特别大，但至少应该能让你看到自己的上半身。当然，能大一点更好。

其次，深呼吸，用立正的姿势站好。凝视镜子中自己的眼睛深处。

最后，把你想要鼓励自己的话喊出来，喊的标准是，能看得见嘴唇的移动，听得清所说的话语。

需要强调的是，这些话语应该满足以下几个要求：

第一，用积极、肯定、简单的现在进行时短句；

第二，目标大小规模适中，是可做到的，但需要一定努力；

第三，是自己所要的，并且是可以维持的。

这种做法要成为一种固定仪式，每天至少早晚两次。在刷牙、洗脸的时候，看着镜子里的自己，告诉他（她）："你很棒，而且会越来越棒，你什么都能做到！加油！"你将更有动力迎向未来。

2. 了解自己潜意识的反应能力

如果想了解自己潜意识的反应能力，在没有催眠师帮助的情况下，也可以采取以下方式。

（1）摆锥法

自己先做一个小摆锥，老式怀表那种样子的，使摆锥自由摆动，双眼看着摆锥。然后反复提示自己："请里边的潜意识帮忙把摆锥顺着横线左右摆动起来。"当摆锥左右摆动起来后，要求前后摆动、顺时针或逆时针摆动。当这些摆动都实现后，要自我检查一下是否是自己有意摆动的。

（2）手指法

用左手轻握右手指的食指、中指和无名指，精神放松后，自己在头脑中想着"请帮忙把右手的食指用力勾动一下"。一次不行多试几次，当食指、中指和无名指轮流都会熟练勾动后，说明你过了第二关。

（3）丹田法

全身放松躺在床上，用潜意识内视丹田，即肚脐下一寸通小腹和后背之间约鸡蛋大小处，用意念在丹田处燃起一团火，逐步升温使丹田发热。不论是否温热起来，只要潜意识能进行温热，对潜意识的能力提高都有帮助。

如果你通过三关，那么恭喜你，你非常容易被催眠和自我催眠，也很容易开发智力潜能。

如果你通过两关，那你也是比较容易被催眠和开发潜能的人。

只能通过一关的人，通过训练后可以被催眠，但要成功自我催眠有一定困难，需要加强练习。

如果你三关都没通过也不要紧，只要坚持练习，加强潜意识的反应能力，敏感度自然会增强，引爆潜能，指日可待。

激励心法：用自我激励重塑自我

把脉心灵

人生总会有低谷，总会有失望。但可以失望不能绝望，不管何时，都应该保持一颗激励自我的心。在日常生活中你会自我激励吗？请完成下面的调查：

调查项目	是	否
1. 当遭受挫折时常常告诉自己：要坚持！		
2. 有时候在心里会默默地告诉自己：一切都会好的！		
3. 每天醒来都会告诉自己：加油！加油！		
4. 时刻都相信明天的自己会比现在的自己强。		
5. 我不能左右天气，但我能转变自己的心情。		
6. 常常告诉自己：抱最大的希望，尽最大的努力，做最坏的打算。		

心灵分析：

以上表格中的项目回答“是”越多，就说明你很会激励自我。

心灵指导

在现实生活中，要学会自我调适、自我激励，来开发自己的潜能。以下方法可以帮你塑造自己，塑造那个你一直梦寐以求的自我。

1. 树立宏大远景

迈向自我塑造的第一步，要有一个你每天早晨醒来为之奋斗的目标，它应是你人生的目标。远景必须即刻着手建立，而不要往后拖。你随时可以按自己的想法做些改变，但不能一刻没有远景。

2. 远离自己的舒适区

不断寻求挑战激励自己。提防自己，不要躺倒在舒适区。舒适区只是避风港，不是安乐窝。它只是你心中准备迎接下次挑战之前刻意放松自己和恢复元气的地方。

3. 把握好情绪

找出自身的情绪高涨期用来不断激励自己。

4. 调高目标

如果你的主要目标不能激发你的想象力，目标的实现就会遥遥无期。因此，真正能激励你奋发向上的是，确立一个既宏伟又具体的远大目标。

5. 做好调整计划

在自己的事业波峰时，要给自己安排休整点。安排出一大段时间让自己隐退一下，即使是离开自己挚爱的工作也要如此。只有这样，在你重新投入工作时才能更富激情。

6. 立足现在

不要沉浸在过去，也不要沉溺于未来，要着眼于今天。

7. 敢于竞争

不管在哪里，都要参与竞争，而且总要满怀快乐的心情。要明白最终超越别人远没有超越自己更重要。

8. 走向危机

危机能激发我们竭尽全力。无视这种现象，我们往往会愚蠢地创造一种追求舒适的生活，努力设计各种越来越轻松的生活方式，使自己生活得风平浪静。当然，我们不必坐等危机或悲剧的到来，从内心挑战自我是我们生命力量的源泉。

9. 精工细笔

创造自我，如绘巨幅画一样，不要怕精工细笔。如果把自己当作一幅正在描绘中的杰作，你就会乐于从细微处做改变。一件小事做得与众不同，也会令你兴奋不已。总之，无论你有多么小的变化，都对你很重要。

10. 敢于犯错

有些事尽管去做，不要怕犯错。给自己一点自嘲式幽默。抱一种打趣的心情来对待自己做不好的事情，一旦做起来了就会乐在其中。

11. 别人的拒绝要积极面对

不要消极接受别人的拒绝，而要积极面对。应该让这种拒绝激励你更大的创造力。

12. 接受挑战后，要尽量放松

接受挑战后，要尽量放松。自己能做的事，不必祈求上天赐予你勇气，放松可以产生迎接挑战的勇气。

暗示心法：为内心注入积极的力量

人生在世，每个人都会遇上不快之事，使精神变得紧张。这时，你会怎样为自己化解苦恼呢？你懂得用精神暗示法来安慰自己，促进自己，甚至“欺骗”自己吗？那么，就让本测试测你的自我暗示能力。（得分：选A计1分，选B计2分，选C计3分，选D计4分。）

1. 夜晚，你心情不好，出门散步时抬头见一轮明月高悬，你会：

A. 无动于衷

B. 月亮为什么不圆

C. 唉！连月亮都与我作对

D. 叹一声，真美啊

2. 有一场你特别想看的演出，你却买不到票了，你会：

A. 我一定要进场

B. 下一场再来看

C. 回家

D. 干别的

3. 你的眉心突然长出一颗特大号的青春痘，同学们议论纷纷，你会：

A. 设法把它弄掉

B. 算了

C. 爸妈老说我的痘长得靓，他们能骗我吗

D. 这是富贵痣

4. 明天独自到森林公园旅游，你会：

A. 找个地图，别走错了路

B. 可别遇上未驯服的野兽

C. 独自一人可以好好享受

D. 带上火具，遇到狼，烧它一下

5. 你突然被派去参加校演讲比赛，但你无演讲经验，心虚，你会这样鼓励自己：

A. 演讲时只当听众是傻子

B. 演讲时只当自己是傻子

C. 说不定其他选手比我还差呢

D. 说不定自己有演讲天赋，只是自己未发现罢了，这次试一试

心灵分析：

5～7分：不暗示型。一板一眼，对自己实在，过得怎样就怎样，是你的长处；遇上烦恼的事，不懂化解，是你的短处，会变得迂腐，心静如水。

8～12分：暗示型。个性较强，心绪不安时，会转移思考目标，懂得对自己进行精神安慰。

13～17分：中性型。这种人最多，自卑、烦恼和一切不如意都

来自性格狭隘。欺骗自己是对自己的安慰，适当的欺骗是必要的，但要注意你的无奈常常维持很久。

18～20分：精神胜利型。这种人很少，遇上挫折后就后退，不思进步，然后原地踏步，一辈子一事无成。过于放任自己，等于精神自杀。如果身处恶劣环境，你一味精神胜利，就会成为鲁迅笔下的阿Q。

心灵指导

暗示在我们的日常生活中，是既常见又具有魔力的心理现象。它是人或环境以不明显的方式向个体发出信息，个体无意中接受了这种信息，从而使自己的情绪和意志做出相应反应的一种心理现象。最经典的例子就是三国时曹操的部队在行军路上，由于天气炎热，士兵都口干舌燥，曹操见此情景，大声对士兵说："前面有梅林。"士兵一听精神大振，并且立刻口生唾液。这是曹操巧妙地运用了"望梅止渴"的暗示，来鼓舞士气。

美国一位心理学家曾做过一个心理实验。有一天，他带了一个人到课堂上对学生们说："这位是德国著名的化学家，他正在实验一种新的化学物质，这种化学物质遇到空气蒸发之后会让人头晕，但是对人体并不会造成副作用。"于是，那位化学家由袋子里拿出一瓶液体，打开瓶盖后拿到每位学生的桌前晃了一下，并且用德文对学生们说话，心理学家翻译道："觉得头晕的同学请举手。"有许多学生举起手来。

实验结束之后，心理学家对同学们说："同学们，我们刚才所做的其实是一项心理实验，而非化学实验。这位先生是本校德语教研室的助教，并不是德国著名的化学家。所谓的化学物质只不过是一瓶蒸馏水而已。”

自我暗示是一种常用的心理调整法，具有下列心理效应。

第一，镇定作用。人的心理状态十分复杂，且经常受到外界情况的影响，所以更是变幻莫测。尤其是在企业竞争甚至个人对抗的条件下，如果对方创造了一个很优异的成绩，而自己又觉得根本无法超越时，内心倍感紧张，慢慢地丧失了自信，结果一蹶不振。其实，每一个人的潜能都是无限的，只要奋起直追，就没有无法超越的目标。换句话说，没有可不可能，只有敢不敢，如果你在心理上产生紧张，反而束缚了自身潜能的发挥。自我暗示在这时就能起到排除杂念、镇定情绪的作用。

第二，集中作用。人们做一件有难度的事情，并且想将这件事情做成功的时候，必须要将注意力集中，否则很难成功。心理学家认为，一个缺乏心理训练的人，常常在最需要注意力高度集中的时候，出现心猿意马的情况。对此，你应该怎么办？自我暗示能够有效地调整心理状态，减少心理障碍，更快地集中精力，在相对短的时间内，达成目标。

第三，提醒作用。俄国大文豪托尔斯泰曾说：“当你想和别人吵架，并准备好某些词语时，请你在嘴里默念，我一定不要让这些词语出口。只要这样做，大多是吵不起来的。”很明显，这也是一种自我暗示的方法，它可以提醒人们理智地判断、冷静地处理某些事情，而不是冲动地激化问题，使问题严重化。

自我暗示心理调整法具有很明显的效果。当我们准备做某件事情或处理人际关系的时候，如果能够积极应用自我暗示法去克服心理障碍、胆怯、紧张，你将游刃有余地把握自己、了解别人，更快一步地迈向成功的宝座！

下面我们将介绍一些常用的暗示与自我暗示的具体方法。

暗示像一种语言，像一个动作，像一个表情，像一个心理感应……总之，在表达感情方面，暗示的具体方法是通过心理因素微妙地表达自己对行为主体的看法和意见，并达到某种意想的效果。

比如，刚吃过晚饭，父亲给儿子讲故事，儿子心不在焉，开始搞小动作。这个时候，父亲没有停下来，而是用眼睛紧盯着儿子的手，暗示他不应该这么做。不一会儿，儿子意识到了自己的错误，停止动作，用心听故事了。

又如，孩子做了一件好事，家长对他赞许地点一点头。或者孩子经过自己的努力，解开了一道难题，家长笑着称赞，都是一种很好的暗示。

再如，家长辅导孩子做作业的时候，发现孩子坐姿不正，可以给孩子示范。孩子得到这些暗示之后，会学着做出反应。

其实，无论从宏观的社会、民族、国家来讲，还是从微观的地区、家庭、民众来讲，暗示和自我暗示都扮演着重要的角色。你置身于暗示法则中，如果能够了解法则，并能运用具体方法来发挥作用的时候，通往成功的路上，你可以走得更加顺利！

由此可见，心理暗示的力量是十分强大的。你如果心里总是觉得自己什么都不行，那你就永远不能成功，这种消沉意志会让你在困难面前畏首畏尾。你就总会有这样的想法："反正我不行，再怎么做都没用。"也就不会为了成功而付出任何努力了。当然，这就已经注定了一个失败的结局，而这失败的结局又成为你自我判断的一个标准，你会觉得自己真的不行。这样恶性循环下去，你最初可能仅仅是出于胆怯或是谦虚而认为自己的不行，到最后就真的变成了事实，这可笑的结局难道不正是“说不行就不行”吗？

冥想心法：心神宁静，激发潜力

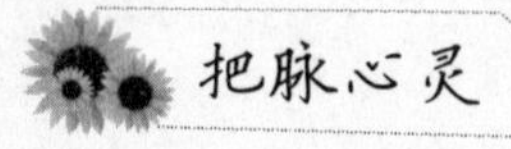

冥想有减压效果，令人身心放松。冥想修行者可将这种心神宁静带入日常生活各方面。冥想可以帮助你体味生活，改掉恶习，简单生活，不急不躁，做事聚精会神，那么，你会自我冥想吗？完成下面的测试吧！

1. 你有没有试过通过冥想去解决和思考问题？

是□　　否□

2. 早上睁开双眼后，你的大脑会思考“今天一定要做的事”和“昨天没有做完的事”吗？

是□　　否□

3. 在你疲惫的时候，你经常会想到大自然美丽的景色吗？

是□　　否□

4. 在下班或者放学的时候，你会闭上眼回想一天的工作和学习吗？

是□　　否□

5. 你在散步时会闭上眼享受身边的新鲜空气吗？

是□　　否□

心灵分析：

上述问题，如果回答“是”，说明你很会利用冥想自我调节，回答“否”那你就该好好学学本节的内容了。

心灵指导

所谓冥想，就是让大脑停止理性的思考，停止意识以外的一切活动，而达到“忘我之境”的一种心灵自律行为。这不是要意识消失，而是在意识十分清醒的状态下，让潜在意识的活动更加敏锐与活跃。通过冥想，人的潜能会被大幅度地激发，有如神助。

冥想在现实练习时种类很多，如指引心灵的曼特拉冥想、关注呼吸的噢姆冥想、反复念诵的哈里波尔·尼太—弋尔冥想、玛丹那·莫汉那冥想等。但不论何种冥想练习，都离不开放松。可以说，放松，彻底的全身放松，是冥想的起手式。一般人只要采用某种姿势，以意念引导全身放松，就能轻松地进入冥想状态。常见的放松形式有自然放松、部位放松和三线放松。

自然放松常见于武术中，指练功者从头颈部以至躯干、四肢各个部位同时自然放松。

部位放松是指从头部、颈部、胸部、腹部、上肢、大腿、小腿直至足部依次顺序缓慢地一个部位一个部位地放松。

三线放松是把身体分成三条线，分别放松。

第一线：头部两侧→颈部两侧→两肩→两上臂→两肘→两前臂→两腕→两手→十指。

第二线：头部→面部→颈部→胸部→腹部→大腿→两膝→小腿→两足→十趾。

第三线：头部→后颈部→背部→腰部→大腿后部→两膝窝→小腿后部→两足→足底。

对一般的冥想学习者来说，最实用的是部位放松法。所以详细介绍一下。

当你在放松之前，要把身体调整到最舒服的姿势，闭上眼睛，开始深呼吸。然后，放松开始，分以下八个步骤来完成。

1. 头顶

想象你的头皮放松了，头盖骨放松了，头发也放松了，深呼吸。

2. 眉毛

让眉头散开，想象眉毛附近的肌肉放松，直到眉尾，同时放松耳朵附近的肌肉。

3. 脸和下巴

先放松脸颊附近的肌肉，再放松下巴的肌肉，然后放松整个脖子。

4. 肩膀

平时，肩膀为我们承受了很多紧张的压力，所以这个部位一般都是缩紧的。现在彻底放松，在放松肩膀的同时也放松你的左手和右手。

5. 胸部

胸部是心脏所在的位置，不但要让胸部的骨头、肌肉都放松，还要让心脏也进入放松状态。

6. 背部

背是支撑人体的栋梁。沿着脊柱，让你的脊椎和背部肌肉都放松。

7. 腹部

放松你的腹部肌肉，这是毫不费力的。然后，你的呼吸会更深沉、更轻松。

8. 腿部

放松大腿，放松小腿，放松脚跟，把想象力停留在脚心。

现在，再次关注你的呼吸，用很深很深的呼吸，有规律地、缓慢地把空气吸进来，再吐出去。深呼吸的时候，想象你吸进宇宙间美丽的能量，整个能量笼罩着你，呼气的时候想象你将体内所有的紧张和压力都释放出去。你会发现，每一次的深呼吸，都会让你更深沉地进入美妙的放松状态。每一次你呼吸的时候，你会感觉自己更放松、更舒服……

你已经进入冥想的状态！

然后你会发现，一种难以言状的快乐充斥着全身，心灵更加敏锐，由激发潜能带来的那种积极、进取的方式，将影响我们生命的每个方面。

镜子心法：充满自信，强化激情

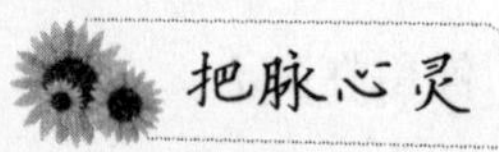

把脉心灵

在日常生活中，你会利用镜子自我鼓励和自我激励吗？完成下面的调查：

1. 每天都会照镜子

是□　　否□

2. 在重大的演讲或会前都会照一下镜子

是□　　否□

3. 没有镜子的时候，会利用汽车或其他的玻璃当镜子

是□　　否□

4. 照镜子时会给自己一个微笑

是□　　否□

5. 会对镜子中的自己说：加油！

是□　　否□

心灵分析：

回答“是”的多，你并不是个臭美的人，而是一个懂得利用镜

子自我强化的人。回答“否”可能你对自己非常自信，再或许你完全忽略了这个神奇的工具！

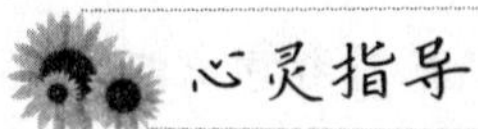

心灵指导

镜子可以帮你实现很多意想不到的事，它的神秘需要你自己去发现。

镜子是生活中最常见的东西，但镜子的作用其实远远不只是一个照人的工具。自古以来，镜子就被视为灵性之物，因为它能反映出另一个世界的影像。凯斯西储大学教授劳伦斯·克劳斯曾在书中写道：“镜子里藏着什么呢？额外维度的神秘诱惑，从柏拉图到弦理论及将来。”

多年以前，著名记者M.布里斯托到一位富豪家里做客。这位富翁拥有伐木和大型锯机的多项专利，邀请了许多报商、银行家和工商业巨头到一家著名旅馆中的包房聚餐，并借此介绍一种锯床操作的新方法。很快，主人喝得酩酊大醉。

刚要开饭，布里斯托看见主人摇摇晃晃地走进卧室，突然在梳妆台前停住。考虑到自己也许能帮助他，布里斯托便跟着走进房间。布里斯托发现他正用两手抓住镜子顶端的边缘，凝视着镜子，像喝醉酒的人时常表现的那样咕哝着。随后他的话就开始变得有条理了。布里斯托听到他在说：“约翰，你这老家伙，这是你举办的晚会，你必须保持清醒！”

他继续凝视着镜子中的自己，不断重复这几句话。整个过程只有5分钟，但他的醉意明显消退了。

在作为报社记者的生涯中，布里斯托曾观察过许多醉汉，但从未见过谁能这么快恢复常态。当他重新回到餐厅时，脸上虽然还带点红晕，但显然是清醒的。宴会结束时，他又介绍了一个十分引人注目并令人信服的新打算。很久以后，当布里斯托对潜意识能力有了更充分的了解，才对这种能使一个明显的醉汉变成十分清醒的主人的“镜子技巧”，有了真正的理解。

布里斯托已经将这种“镜子技巧”传授给成千上万的人，收效甚大。几年来，许多人到他这里来要求帮助解决难题，大部分是妇女，她们几乎都是哭哭啼啼地叙述各自的遭遇。而布里斯托做的第一件事情，就是让她们站在一人高的镜子面前，仔细看着自己，看着自己的眼睛，并告诉自己看到了什么——弱者，还是勇士？她们的哭声很快停止了。这些事例使布里斯托相信，一个妇女在镜子里看着自己的时候，她不会哭泣——是自尊、羞愧或者是出于对女性软弱观念的否认，使她们停止哭泣，不再流泪。

许多了不起的演说家、演员、政治家都曾运用过“镜子技巧”。温斯顿·丘吉尔在做任何重要演讲之前，总要站在镜子前正视一下自己。美国第25任总统威尔逊也使用过这种技巧。

美国心理学家布里斯托经研究表明，巧用镜子，能让人充满信心，拥有良好心情。换句话说，镜子是一个有效的自我激励的工具，同时也是潜能开发的最便利工具。

著名的英国小说家萨克雷曾说：“这世界是一面镜子，每个人都可以在里面看见自己的影子。你对它皱眉，它还给你一副尖酸的嘴脸，你对着它笑，跟着它乐，它就是个高兴的伴侣。”对每个人来说，镜子发射出的就是你给予这个世界的能量，更重要的是，它还将吸引你所发出的同类能量到你身边。

其实，很多世界上最杰出的人物都有借助镜子来提高自己的习惯。原一平在最困难的时候靠镜子来为自己打气；乔布斯每天都会对着镜子问自己“假如今天是我生命中的最后一天我会怎么过”来激励自己；在很多成功学的训练场里，“照镜子”都成为一个必备的课程。

怎样用镜子来吸引心中的目标向我们靠拢呢?

首先，笔直地站在镜子面前，整理头发、衣物，要做到头发整齐，衣服整洁。

其次，对着自己微笑。在微笑的时候，收腹、抬头、挺胸，让自己看到自己积极乐观的形象。

再次，深呼吸三次，让自己感觉美好、平和，并让这种感觉传递到全身。

最后，表现得像你所想要的那个样子。如果你希望被人欢迎，就想象自己受欢迎的样子，并表现出来；如果你希望自己富有，就想象自己是个亿万富翁；如果你希望自己美丽，就想象自己要的美丽的样子。

为了增强吸引力的效果，我们还可以在想象的同时，将自己的愿望对着镜子说出来。这不是玄学也不是巫术，在现实生活中不乏因此而心想事成的人。

其实，这些只是镜子吸引力的最浅层的作用，它的神奇之处远远不止于此。在心理学界，在灵媒界，镜子和人体潜能以及宇宙能量之间的联系，都还有很多空白等待开发。所以，用好我们身边的镜子，会带来意想不到的潜能大爆发。

信念强化心法：每天都要超越自我

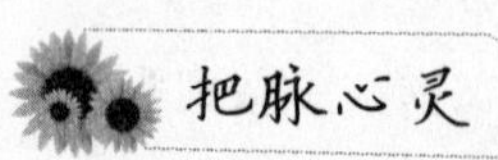

生活路上牵绊太多，诱惑太多，你能一直坚定自己的信念吗？来测试一下吧！

对下列题目做出“是”或“否”的回答

1. 规定的目标一定要实现。( )

2. 成就是我的主要目标。( )

3. 心中思考的事情往往立即付诸实践。( )

4. 对我来说，做一个谦和宽容的胜利者与取胜同样重要。( )

5. 不管经历多少失败也毫不动摇。( )

6. 谦虚常常比吹嘘会获得更多的益处。( )

7. 我的成就是不言自明的。( )

8. 我实现目标的愿望比一般人更强烈。( )

9. 充满只要做就必然能成功的自信。( )

10. 他人的成功不会诋毁我的成功。( )

11. 我所做的工作本身蕴含着价值，我并不是为了奖赏而工作。( )

12. 我有自己独特的其他任何人不具备的优点。( )

13. 认准的事情坚决干到底。( )

14. 对工作的集中力高、持久性长。( )

15. 往往马上实现大脑中一闪而过的念头。( )

心灵分析：

每题答“是”计1分，答“否”计0分。各题得分相加，统计总分。

0～3分：说明你实行目标的信念很低。

4～6分：说明你实行目标的信念一般。

7～11分：说明你实行目标的信念较高。

12～15分：说明你实行目标的信念很高。

心灵指导

信念到底是一种什么样的力量？信念是一种水滴石穿、江流入海的执着，信念又是一种“飞蛾扑火，一往无前”的勇气；信念是一种面对人生磨难一笑置之的洒脱，信念又是一种“日入中天，光耀四方”的伟大。

张海迪出生在山东省文登县一个知识分子家庭里。在5岁的时候，她也遭遇了跟海伦相似的情况。不过，她并不是失明，而是患了严重的高位截瘫——自胸部以下的身体完全失去了知觉。医生们一致认为，像这种高位截瘫的病人一般很难活过27岁。但是，张海迪并没有就此消沉，而是更加珍惜自己的分分秒秒，用勤奋的学习和工作去延长生命。

1970年，正值“文化大革命”期间，她随带领知识青年下乡的父母到莘县尚楼大队插队落户。看到当地群众因为缺医少药而痛苦不堪，她便萌生了学习医术、解除群众病痛的念头。她用自己的零用钱买来了医学书籍、体温表、听诊器、人体模型和药物，努力研读了《针灸学》《人体解剖学》《内科学》《实用儿科学》等书。为了认清内脏，她把小动物的心肺肝肾切开观察；为了熟悉针灸穴位，她在自己身上画上了红红蓝蓝的点儿，在自己的身上练针体会针感。功夫不负有心人，她终于掌握了一定的医术，能够治疗一些常见病和多发病。此后，在十几年中，她为群众治病达一万多人。

后来，张海迪随父母迁到县城居住，一度处于没有工作的状态。她从保尔·柯察金和吴运铎的事迹中受到鼓舞，从高玉宝写书的经历中得到启示，决定走文学创作的路子，用自己的笔去塑造美好的形象，去启迪人们的心灵。她读了许多中外名著，写日记、读小说、背诗歌、抄录华章警句。此外，她还在读书写作之余练素描、学写生、临摹名画、学会了识简谱和五线谱，并能用手风琴、琵琶、吉他等乐器弹奏歌曲。

再后来，张海迪成为中国残疾人联合会主席，她的作品《轮椅上的梦》一经问世便在社会上引起了强烈反响。随后，她又不断进取，学习了英语、日语、德语和世界语，并翻译了一些外文著作。

张海迪的事迹再次向世人证明，只要有信念，生活就没有失败和放弃。只要有梦想，人生就不会有绝望和阴霾。即使你面临困境甚至身患残疾，只要你有坚定的信念和顽强的意志，就能超越自己身体的极限，去创造和正常人一样的成就和奇迹。

信念是超越自我的动力。没有信念作为动力，自己永远都是自己最大的敌人。现在的我们必须依靠信念的力量来不断超越自我（特别是在逆境中下更要如此），最终创造生命的奇迹。

下面介绍增强自己信念的十条练习：

第一条：今天，我要开始全新的生活。

联想练习：每次，当你要刷牙的时候，在心里重复，“今天，我要开始新的生活”。

第二条：我是最棒的，一定会挣很多钱。

联想练习：拿出牙刷，像个棒子吗？对，“我是最棒的，一定会挣很多钱”！

第三条：成功一定有方法。

联想练习：拿出牙刷，前端是方的吗？“成功一定有方法”。

第四条：我要每天进步一点点。

联想练习：挤出牙膏一点点，“我要每天进步一点点。”

第五条：我用微笑来面对生活。

联想练习：张开口，准备将牙刷放进口中，“我用微笑来面对生活”。

第六条：人人都是我的贵人。

联想练习：牙膏“挨”着牙齿了，一排牙膏犹如一群人，“人人都是我的贵人”。

第七条：天生我材必有用。

联想练习：刷牙的时候，要横着刷牙，口张到最大的时候，“天生我材必有用”。

第八条：我爱我的工作。

联想练习：刷牙完毕，看着镜子里的自己，坚定信心，“我爱我的工作！”

第九条：我要立即行动。

联想练习：离开梳妆台，“我要立即行动！”

第十条：坚持到底，绝不放弃，直到成功。

联想练习：开始出门，“坚持到底，绝不放弃，直到成功！”

练习方法：

第一种，连续30天，每天把第一条信念重复10次。30天后，再连续10天，把第二条信念重复10遍。依次类推。这样，在300天的时间，你会重复所有信条300次，这些信条就将在你的大脑里扎根、生芽、成长，融入你的血脉，变成你自己真实的信念。只是，每天这10次最好是手写，写每个字的时候，多想一想它的深层含义，为它所感动，为它所吸引，不要变成自言自语，更不要心不在焉。

第二种，每天都把这10条重复2遍以上，持续10年。

第二篇

补心安心药膳

第四章

滋养药膳：感悟人生的心灵鸡汤

有些人稍微遇到一些不顺心的事，就怨天怨地，觉得自己的人生糟糕得一塌糊涂。殊不知，再多的抱怨也解决不了问题，心中若是总被抱怨填满，外面的世界再美好也如同一片阴霾。当感觉自己对生活不满意时，不妨看看别人，再给自己换种心态，你就会看到不一样的人生。

学着给自己的人生做减法

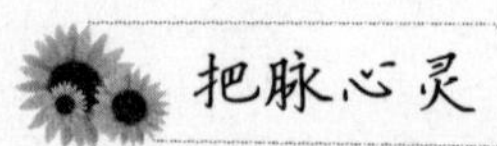

每个人的人生都是不同的，有的人乐观面对人生而有的很消极，觉得自己活得特别累。那么，你现在的生活感觉累吗？想不想知道答案呢？快来测测吧！

假如你正在路上散步，突然被路边的小朋友踩了一脚，你会对小朋友生气吗？

A. 生气，心里会说真讨厌的小孩子

B. 生气，又会摸摸小孩子的头

C. 无所谓，没有任何的想法和举动

心灵分析：

选A：可以看得出你现在生活得很累、很苦。或许你的生活压力并不是来自于爱情和工作，可能是你自己的心太过于压抑了，找不到释放的办法，让你脾气特别不好。你是拿得起放不下，多愁善感，具有多重性格，患得患失，爱与自己过不去等，都难以活得轻松，所以活得太累了。

选B：对自己的生活很满意，正可能是人的欲望越少，可能就会越容易获得快乐，所以即使吃一顿美食都会让你开心得不得了，所以你现在生活得很快乐，一点也不会觉得累。

选C：可能一时之间对生活失去了方向，或者你正在努力地为了你的目标而努力，虽然你会觉得生活累一些，但是累也同时并快乐着，所以也要告诉你，虽然达到目标会让你兴奋开心，但是也不要失去享受过程的这个心情。

心灵指导

朋友们，你们见过花园里园丁给花草剪枝叶吗？事实上，很多时候，枝叶被剪掉的时候正值青翠欲滴，花朵被剪掉的时候正含苞待放，你知道园丁为什么要这么做吗？其实，他们是为了让花草生长得更茂盛，开放得更加灿烂多姿。

人生也是如此，一份幸福的人生，为了得到一些东西，也必须舍弃一些东西。当我们一步步迈向事业巅峰的时候，别忘了，给人生做减法，让自己的心灵更加纯净，让自己的生活更加美好。

有人说，生活有5%的精彩、5%的痛苦和90%的平淡，我们常常为了这5%的精彩，忍受那5%的痛苦，过着90%的平淡生活。在年轻的时候，享受这5%的精彩，我们可以为生活不断地加入智慧、品格、财富、亲情，使人生更丰满充盈；但在过了而立之年后，为了享受这5%的精彩，我们需要做减法，减去负担、复杂、冲动，使人生更简单快乐。如果人心中的负累太多，纵使你再乐观地面对人生，也很难找到幸福。

一篇名为《生活的篓子》的文章讲了这样一个故事：

一个觉得生活很沉重的人去找智者帮忙。智者给了他一个篓子，让他背在肩上，然后要求他每走一步就捡一块石头放进背篓，直到对面的山头。那人一路前行，越走越慢，还没走到终点就累趴下了。智者说：“因为你一直给背篓添石头，所以会渐渐走不动；因为你一直在给生活添石头，所以你会感觉生活沉重。”

人生在世，都背着一个背篓，而且在人生的前行的路上不断地往这个篓子里放东西。没有想要有，有了想要更多，欲壑难填。所以，只做“加法”的人生会越来越沉重，到了一定的时候，我们就应该给人生做做“减法”。做减法是一种对自己的关爱，是为了对家庭、对社会更好地承担责任，是一种智慧的生活理念。多做减法会让人生更幸福，心灵更纯净，能始终保持一颗平常心。

“祸莫大于不知足，咎莫大于欲得”，老子告诉我们，要知足、节制、感恩、惜福、避祸，说的就是人生需要“减法”，需要远离名利、看淡成败、安于淡泊。

美国石油大亨默尔因心肌衰竭进行了手术，术后他卖掉了自己的公司，去了苏格兰乡下的别墅。很多人都不解他为什么要放弃那么好的公司。

后来，人们在他的传记中找到了答案：“富裕和肥胖一样，不过是得到了超过自己需求的东西罢了。”

对生命来说，无论金钱还是名利，多余的东西就是负担。

这样看来，减法也是一种幸福，减掉那些不该有的东西，与此同时，不只减去了负担，也收获了一种幸福。不该有的东西，即使再诱人，也只是种下祸患的种子，即使能获得一时之快，能说是获得了真正意义上的幸福感吗？很多时候我们都是用“加”与“减”简单地判定“得”与“失”，但“加”未必是幸福，“减”未必是不幸。有时，伪装的幸福出现时，我们会错把它当成真正的幸福，因为我们已经失去了探测的能力，或者说判断的标准。

人生是有限的，让我们停下脚步，减去那些不必要的忙碌，审视自己，回归本体，去寻找那些让自己快乐幸福的事情。

幸福是什么？是一种舍弃、一种抽离、一种简单、一种贴近心灵的感受。给人生做减法，你将得到快乐与成功。

单纯是人生最好的味道

流年如水，我们曾经的纯真还剩几许？一起来做下面的测试吧！

1. 假设某天你路过一个小镇子，镇上有一座古堡，而镇上的人都没有进去过，你觉得大家为什么不进这个古堡呢？

A. 因为古堡里闹鬼

B. 古堡里有毒蛇

C. 据说有吃人的巫婆在里面

2. 当有人邀你一起去这座古堡探险，你想要在古堡里得到什么？

A. 只是好奇，所以想要去看看

B. 可以寻找神奇的宝物

C. 可以得到长生不老的药丸

3. 再次想象一下，当你进入这座古堡，听到诡异的声音，你认为是什么？

A. 风声

B. 可能有鬼

C. 天使在唱歌

4. 你刚进入古堡，稍稍适应了环境，便看到一个影子向你走来，你觉得来者会是？

A. 只是自己的幻觉

B. 可能是猫之类的动物偶尔跳过

C. 一个年迈的巫婆

心灵分析：

选A计1分，选B计2分，选C计3分。

4~6分：你已经完全不会让人觉得清纯了，即使是你穿上非常可爱的衣服，有着无比天真的眼睛和笑容。不过从你身上散发出来的气质与自信，能让所有人都会感觉到，纯真绝对不是属于你的感觉。

7~9分：你的外表可能很纯真，时常会给人一种很清纯的感觉，然而其实你的内心早已经千帆过尽。对待周围的人事，你常常能保持一种很冷静的态度，不会轻易相信别人，也不会轻易地接纳任何人。

10~12分：你是一个纯真度非常高的人，与你相处的人，必受你感染，即便是恶魔般的灵魂也会被你净化。

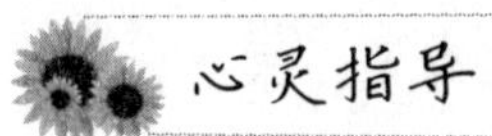

心灵指导

小时候我们期盼快些长大，长大后我们渴望更成熟一点儿，等我们真的成熟了，才会发现，年少的纯真是那么难得，曾经，它与你如影随形，可等你真正了解它的时候，它可能已经消隐了痕迹。

在法国的小镇上，流传着这样一个故事：

某天，一个富翁走过街道，他跟住在这条街上的穷人说，我现在要去做一笔大买卖，这笔买卖做成后，我就会有一大笔金钱，那时候，我可以为你们建漂亮的房子，而且给你们很多钱，让你们养老。但我有一个条件就是，我有一只小狗，我现在要漂洋过海去谈生意，请你们要帮我养活这只小狗，不能让它渴着饿着，也不能让它生病，甚至死亡。等我回来的时候，如果我的小狗健康如初，那么我一定会实现我的承诺。

富翁说完后就离开了，年深日久，他都没有丝毫回来的迹象，开始的时候，大家都争着喂养那只富翁留下的小狗，可是日子久了，大家都觉得没有希望了，那人也有可能只是个骗子，自己要去远足，又不能带上狗，且对小狗有几分感情，便撒了这样的谎。

大家有了这个猜想后，对待小狗的态度就变了，很多人不再愿意给它食物，也没有人给他洗澡了，还有些小孩子因为听了大人的猜测，把对于骗子富翁的仇恨都撒在小狗身上。他们用树杆抽它，甚至用石头砸它，小狗不出几日便奄奄一息。这时候，街角有位七旬左右的老太太把它抱回了家。

她给小狗喂食，帮它洗澡，而且用自己省吃俭用省下来的钱帮小狗看病，没过多久，小狗慢慢恢复了健康，而且在老太太的照顾下更胖了一些，也更健壮了一些，虽然已经是一只老狗了，但它因体格健壮而油光发亮的毛发让它与那些同年老狗比起来要精神很多。

这样的日子过了一年，镇子上的很多人都劝老太太不要管那只小狗了，因为那是个很贫穷的小镇，人们果腹都极为艰难，要抚养一只小狗，可以说也是一个不小的负担。但是老太太却不肯丢弃小狗，一直对它很好。

第二年的春天，小镇上来了一个富翁，他走进了老太太的家，将他随身携带的一只木箱送给老太太，并告诉她，自己就是几年前的那个富翁，他的生意做成了，挣了一大笔钱，箱子里的法郎是他给老太太的承诺，现在，他要带走他的小狗了。

镇上的人知道这件事后，都觉得老太太是个极有心计的人，但老太太却无奈地笑笑："其实，我根本没想什么回报，我只是觉得那只小狗被大家丢弃，真的太可怜了。"

由此可见，生活里保持一颗纯真的心，是多么难能可贵，而往往，我们目的性明确的举动，有可能抵不过一个纯真的决定。

纯真不是幼稚，纯真是对于生活的美好愿望，是自身快乐轻松的法宝，练就一颗纯真的心，才会让你在这个俗世更容易快乐满足一些。那么，我们有没有方法可以保持纯真呢？

方法一：不要怀疑。针对于每一个人说给你的每一件事情，也或者是对方的处境以及心情，都不要持怀疑态度，而应该友好地询问他遇到了什么困难，从而力尽所能地帮助他。然而，需要提醒的是，不怀疑并不表示不考证，首先信任对方，再去评定这件事情的真实性，这才是最正确的做法。

方法二：不要伤害。即使对方伤害了你，你也不能以毒攻毒，要知道，每个人都有犯错的时候，给对方一个悔过的机会，比你给他无数拳都更能让人受益匪浅。毕竟，很多伤害，并不是对方刻意为之，有时候可能只是一个误会罢了，即便对方没有悔过的意思，也不要计较什么。

方法三：不要拒绝。对于别人的求助，能帮的就帮他一把，不能帮的也帮他想想办法，不要冷漠地拒绝别人，这样对方会很受伤，而某天你若遇到困难，需要对方帮助，他可能也会毫无顾虑地拒绝你、伤害你。

方法四：不要抛弃。你的朋友家人同事上司，总之你身边所有与你有关系的人，都要善待他们，即使他们犯了不可饶恕的错误，也请你一定不要抛弃他，要多抽些时间关照他，同时帮助他走出这样不堪的人生低谷。

方法五：不要放弃。很多事情，你可能已经很努力了，但结果却让你难以想象，但即便再大的挫折，也不要放弃自己想要从事的事业，一定要努力，相信风雨之后定有彩虹。一颗积极上进的心，会帮你驱走生活的烦琐，而让你变得纯真并且快乐。

学会禅修一颗感恩心

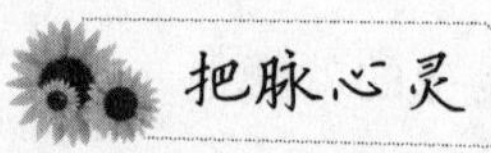

把脉心灵

在平日里你是个常怀感恩之心的人吗？快来测试一下吧！

1. 在早晨上学之前，你得知妈妈病了，你会怎么办呢？

A. 不上学了，在家陪妈妈，可以让妈妈按时吃药

B. 按时上学，但是会打电话给妈妈，向妈妈表达自己的关心

C. 不用放在心上，妈妈已经是大人了，她会照顾自己，你关心不关心都无所谓

2. 妈妈过生日的时候，你会怎么办？

A. 亲自做一张贺卡，祝妈妈生日快乐

B. 花一大笔钱，给妈妈买一个豪华的生日礼物

C. 不知道妈妈的生日是什么时候，只知道自己的生日是哪一天

心灵分析：

第1题

选A：说明你是一个非常有爱心的人，也是一个知道感恩的好孩子，但是你的行为还不是很妥当，感恩也是需要方法的。

选B：说明你是一个知道感恩的好孩子，同时也说明你很有理性，能够科学合理地安排自己的生活，你已经比较成熟了。

选C：说明你在感恩这一环节上做得还远远不够，也许你的想法没有错，但是如果你连自己的妈妈都不关心，你还有可能关心谁呢？你需要好好思考一下自己了！

第2题

选A：说明你的表现很得体，你不仅是一个富有爱心的孩子，而且知道怎么样把自己的感恩心理恰当地表现出来，你的行为说明你是很棒的。

选B：你的想法不错，你确实也很爱妈妈，但是你的表现和你的身份不符，所以在怎样表现自己的感恩时，你还需要好好斟酌，多向有经验的人请教。放心，他们会很热心地告诉你的。

选C：可能是你受到的教育方式有问题，你并不是一个知道感恩的孩子，你还需要付出很大的努力，你必须知道，要想让别人爱自己，自己首先就应该爱别人。

心灵指导

从平淡中寻找温暖，从失败中寻找成长，从失意中寻找真诚……也许生活就是一个寻寻觅觅的过程。

我们在生活里收获了太多的感动。

当我们用最真挚的双手把它们怀抱胸前时，才发现：自己是世界上最富有的人。怀着感恩的心来品味所有，才是真正在生活的人。

父母的爱，从来都是无私而深沉的。因为它自然得像空气，令人难以察觉。蓦然发现，岁月的痕迹已在爸爸妈妈原本年轻的脸上浮现，是否也会反省：我们感恩过父母吗？我们一起看下面一篇日记：

今天是星期天，天气晴。为了一个“远大理想”，我昨晚熬夜完成了大部分作业。我从睡梦中醒来，阳光已经调皮地抚摸我的脸，暖暖的，痒痒的。我一骨碌从床上爬起来，对着阳光发誓：我要做个久违的小主人。

今天的目标是清扫客厅卫生。我先动手把茶几上、电视机旁、电脑桌上和沙发上那些凌乱不堪的书放在一起，并把它们各归其位。在整理书籍的过程中，我发现有好多书都是因为我随手乱放的坏习惯，而显得杂乱无章。换作平时，整理都是妈妈的工作。我在心头发誓：一定要改掉这个坏毛病，少给父母增加负担。接下来，我就要对付那些灰尘了，我拿起拖把，一会儿这里来个“横扫千军”，一会儿那里来个“铺天盖地”，许多灰尘全都见势不妙，仓皇而逃。转眼地板亮得能照出人影来。

清理卫生死角是最难办的了。电脑桌底下，沙发底下，门背后和橱里的角角落落都堆积着成千上万的灰尘，我立志让爸爸妈妈感动一下。于是，我便拿起一块抹布，专挑那些难擦的死角，认认真真地擦起来。可因为我平时不怎么做家务事，所以没有经验，不一会就败下阵来，而那些灰尘却还是“活力十足”，仿佛要在那些死角“安营扎寨”。我想，我又怎能被那些灰尘打败呢？我灵机一动，拿起抹布，把顶部弄小，然后对准地方细细擦，一遍、两遍……灰尘果然被我擦掉不少。清除了卫生死角，顿觉浑身轻松。可发现镜前的我俨然成了个大灰人。

帮大人做家务，心里感到特别愉快。因为，我的行动使爸爸妈妈心里感到温暖、受到感动。从他们眼里我读到了赞许。

这是一篇初中生的日记，语言活泼可爱，里面记叙的都是一些日常小事，可正是这些小事足以让我们的父母感动，他们要的真的不多，只是身为子女的我们是否能够常常扪心自问：一个中学生做到的我们能做到吗？感恩，首先从身边最近的人开始，正是因为朝夕相处我们倒更容易忽视他们的重要性。因此，感恩可以从父母开始，从身边的每一个人开始。

清晨的寺庙，下过雨后阳光透过树叶间的间隙洒在院子里，一切都显得格外宁静。方丈的禅室里有个垂头丧气的年轻人，他对方丈说："我失业很久了，找工作一直不顺利，原来的积蓄被花得所剩无几，脾气也越来越差，我觉得自己一无是处、一无所有。方丈，我一直信奉佛祖，可是佛祖为何这样待我不公？"

方丈听完，起身拿来笔和纸放在桌上，对青年说："我给你一支笔、一张纸，你把我们的谈话内容记录下来，然后我们再讨论这个问题。好吗？"

年轻人听了心里甚是疑惑，可是自己也没有更好的解决方法，于是便顺从地拿起纸和笔准备记录。

方丈问道："你有什么严重的疾病吗？"

他回答："没有，我喜欢锻炼身体，也不爱酗酒抽烟，所以身体一直很好，别说什么大病了，就是平常的头疼感冒都很少。"

方丈继续问道："你夫妻感情可好？"

他回答："我的妻子非常贤惠，并且懂得勤俭持家之道，还特别体谅我，尽管我现在如此落魄，她都没抱怨过一句。我们的感情一直很好。"

方丈又问："你有朋友吗？"

年轻人回答："当然有啊。他们在我失业后不仅给过我经济上的帮助，还常常抽空陪我聊天开导我，可是我现在却没有能力回报他们。"

方丈微笑着说："看看现在你记录下的内容，然后再问问自己的情况是否真的如你想的那样糟糕。"

纸上白纸黑字地写着：我有强壮的身体；我有爱我的好妻子；我有关心我的好朋友。

看着自己的记录，他开心地说："原来我拥有这么多宝贵的东西啊。感谢佛祖赐予，我真的是世界上最幸福的人。"

方丈听完回答："你应该感谢的不仅是佛，还有你身边的那些人。回去吧，记住感恩。"

回去后，他怀着感恩的心面对生活，并积极地找工作，对生活充满了无限的希望。通过这些改变他很快就找到了合适的工作，生活也慢慢好了起来。

有人总结得好：把困难分析得太透彻，看得太明白，反而会被困难吓倒；倒是那些未将困难看得很清楚但又勇往直前的人，更容易到达终点。

也许就是这样，当我们深陷困境时，会把困境带来的厄运放大，这样对幸福的感知能力就会下降。正如文中的年轻人，因为失业而感慨命运的不公，其实，命运是公平的。人生在世不可能事事如愿，总会遇到些磕磕绊绊，也许这在当时会成为心中的纠结。但我们不应该悲观失落，因为除了这些，还有许许多多值得我们珍惜的幸福，所以，我们应该怀抱着一颗感恩之心来对待命运。

生活就如同一面镜子，你笑，它也笑；你哭，它也哭。切勿心生抱怨，只要以感恩的心对待生活，善于发现身边的美好，调整心态积极应对挫折，美好的未来就在不远处。

没有不喜欢的生活，只有不快乐的心

快乐对于人类来讲是非常重要的情感。下面的测试会帮你查看自己内心的快乐。

用“是”或“否”判断以下问题。

1. 你是否宁愿马上行动而不想好好计划如何行动？
2. 当你参与一个需要快速行动的计划时，是否感到快乐？
3. 你是否会主动交新朋友？
4. 你是否倾向行动快捷和有自信？
5. 你觉得自己是一个活泼的人吗？
6. 若你不能参与许多社交活动时，你会觉得不开心吗？

心灵分析：

回答“是”的次数越多，表明你越外向，你越容易在平淡的生活中为自己找到一些快乐。

心灵指导

经常会遇见一些整日愁眉苦脸、闷闷不乐的人，这不是证明他比别人不幸，只能说明他们没有别人懂得生活。懂得生活的人，能够将日子过得和和美美，全家其乐融融；而不懂得生活的人，整日看见工作觉得是受罪，看到什么都不顺眼……反正，算不算事儿的事情，在他们眼中都是痛苦的。

有位诗人说过："没有不快乐的生活，只有不肯快乐的心。"的确，心若是能够感受到快乐，那生活自然而然也就没有痛苦了。经常会听到身边的朋友这样抱怨说：

"漫天黄沙，我还要顶着被大风吹跑的危险去面试，真倒霉！"倒霉吗？若是一直闲着在家，没有公司通知你前去面试，你心中是否会更难受呢？其实，漫天的风沙并不是不快乐的理由，不快乐的是你的心。因为，心中感受不到接到面试通知的喜悦，进而将坏心情转嫁到了天气上。

任何事物都存在两面性，哲学家常说："看山不是山，看水不是水。"也就是说，事情都有好的一面和坏的一面。因此我们看待自己的生活不能只看到它坏的一面，而忽略了它美好的一面，这样片面地看待问题，只会令自己的抱怨越来越多。若是我们在心中不快乐的时候，看看生活中美好的一面，那就不会再整日愁眉苦脸了。

有位男士整日茶饭不思，夜夜失眠，身体消瘦得非常厉害。为此，他找到了心理医生，希望心理医生能够帮助自己。经过各项检查后发现，他的身体一切正常，并没有任何疾病的迹象。心理医生感觉他心情不好，便问他是不是心里很痛苦。

这位男士像遇到了知音一样，开始向心理医生诉说自己的种种苦恼，都是一些无关紧要的小事，比如：孩子将水洒在了他的文件上，楼上的那家每天晚上都会打麻将，小区里的治安不好曾丢过自行车，老板无休止地给自己“画大饼”……他说他厌烦这样的生活，因为他感受不到快乐。

心理医生一边听他说，一边用笔记在本子上，等他抱怨完后，问他：“妻子对你的感情如何？”

男士的脸上露出了笑容，说：“我妻子非常爱我，我们结婚十年了，她从未和我吵闹过。”

心理医生笑着点点头，又问道：“那妻子和你的父母相处得好吗？”

男士脸上的笑容更灿烂了，他说：“妻子对我们的父母都很好，很多时候都比我这个儿子孝顺，别人家的婆媳问题，我家从没有。”

后来，心理医生问了他很多问题。谈话结束时，心理医生把两张写满字的纸张放在了男士的面前，一张写着他的苦恼，一张写着他的快乐。心理医生对他说：“这两张纸就是你的治病药方，你把生活中的苦恼看得太重，忽视了身边存在的快乐。”

无休止地放大苦恼，只会让生活中的快乐慢慢被挤走。日常生活中，不是缺少快乐，而是心中的快乐都被你无限放大的苦恼所掩盖了，就像文中的那位男士一样。假如，我们自己来写不快乐和快乐的事情，相信快乐的事情总是要比苦恼的事情多的。所以，我们应该全面地看待生活，既要看到生活中的坏，也要看到生活中的好。

也许有人会说：“老天生来就对我不公平，一出生便比别人低了一等，对于我而言，生活中还有什么美好的一面呢？”一味地这样纠结于自己的不足之处，只会将自己慢慢拖入痛苦的泥沼。虽然上天有时会故意刁难我们，但我们也要用积极的人生态度打败它，证明自己是强大的。

第二次世界大战期间，维克托·弗兰克尔什么错也没犯，只因他是个犹太人，便被抓到了纳粹德国某集中营中。随后，他又被送往各个集中营，有段时间他一直被关在奥斯维辛集中营里。尽管沦为了阶下囚，但他从未曾放弃过自己的生命，也没有停止过对自由的追求。

在牢狱中，他每天都坚持刮胡子，不管身体多么虚弱他都坚持这么做，哪怕是用一片破玻璃当作剃刀。因为那时他们每天都要接受检查，生病和不能工作的便被挑出来送入毒气房中。刮了胡子，就会让自己看起来精神些，这样就可以躲过被送入毒气房的灾难。

虽然他每天尽量让自己精神些，但每天只吃两片面包和三碗稀麦片粥还是让他的身体越来越虚弱。重要的是，他还要忍受繁重的劳动，经常半夜两点被叫醒去劳作。他时刻都在想着如何从这里逃出去，狱友们知道了他的这个想法后，都觉得他这是异想天开，这个地方还没人活着出去过。

可是，维克托·弗兰克尔相信自己一定不会死在这里的。终于让他找到机会了，有天在野外干活时，他看到不远处有堆死尸，于是趁着收工的时间，他钻进了大卡车底下，将自己身上的衣服都脱下，在别人不注意的情况下，悄悄地躺在了那堆死尸旁。尸体散发出来的难闻气味，还有蚊虫的叮咬，都没能让他放弃，他躺在那里一动不动，直到深夜，等他确信周围没人时，才从死人堆上跑了出去，这一跑就是七八十公里。

维克托·弗兰克尔逃出去了，从那个从来没有人活着出来的鬼地方活着出来了，这简直就是一个奇迹！后来，他对人们说："在任何特殊的环境中，人都还有最后一种自由，那就是选择自己的态度。"

比起维克托·弗兰克尔的遭遇，我们恐怕要幸运得多。在那样残酷的环境下，他都没有自怨自艾，而是想尽办法逃出来，这是对自由的追求，也是对活下去最强烈的渴望。敢于面对，勇于挑战，才能创造出属于自己的奇迹。

亨利说："我是命运的主人，我主宰自己的心灵。"假如你觉得生活是不自由、不快乐的，那它就是不自由、不快乐的，并因你的消极情绪而变得更加糟糕。可是，如果你认为外界的环境并不会影响到自己的内心，那你就能够通过自己的努力让生活变得更加自由和快乐。

叔本华也曾说过："人们不受事物影响，却受到对事物看法的影响。"不要总是抱怨生活有多么糟糕，也不要理会周围的环境有多么不尽如人意，一切的不美好都是源于你的心态。你可以生活在天堂，也可以生活在地狱，全看你的心态如何。

选什么样的朋友，就有什么样的人生

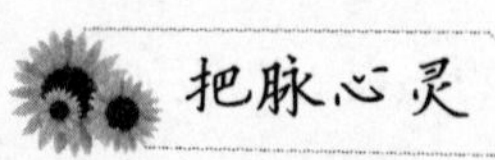

那些能够和我们谈得来、了解我们想法的人，通常可以成为我们的好朋友。那么，在你心中，你是如何来界定好朋友的呢？你觉得什么样的人可以成为你的好朋友？

假如，你从小就是一个很让家人头疼的孩子，你觉得自己最让家人头疼的原因是什么？

A. 糊里糊涂

B. 脾气暴躁

C. 容易受骗

心灵分析：

选A：你的人际关系还是非常不错的，因为你是一个没有心机、想法单纯的人，所以和你相处，人们都会觉得非常轻松。不过，虽然你有很多朋友，但你的知己也就一两个。

选B：你有很强的个人原则，对于不喜欢的事，别人勉强你也没有用；对于喜欢的事，费尽心思你都要做到，在一定程度上来说是有点固执的。你的知己必须能接受你的个性，当你无理取闹的时候，他能完全地忍受，而且还要能够理智地劝服你。

选C：你是一个性情温和的人，很少发脾气，凡事都会先考虑别人。你觉得吃亏就是占便宜，不计较太多，所以要当你的知己，一定也要经常帮助别人，有一个宽容的胸怀。

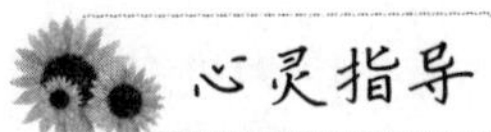

心灵指导

在家靠父母，出门靠朋友。社会环境中朋友是最重要的，物以类聚，人以群分，从你朋友身上可以照见自己的影子。

其实，人这一生有什么样的朋友直接反映你是什么样的为人，好朋友就是一本书，他可以打开你的整个世界。

泥土因为靠近玫瑰，吸收了它的芬芳，从而也能散发出芬芳的香气，给别人带来玫瑰的香味。其实，我们人也一样，和什么样的人相处，久而久之，就会和他有相同的“味道”。

中国有句古话：“近朱者赤，近墨者黑。”美国也有句谚语：“和傻瓜生活，整天吃吃喝喝；和智者生活，时时勤于思考。”这两句话所说的其实是同一个道理：朋友的影响力非常之大，大到可以潜移默化地影响甚至改变你的一生。你能走多远，在于你与谁同行。如果你想展翅高飞，那么请你多与雄鹰为伍，并成为其中的一员；如果你成天和小鸡混在一起，那你就不大可能高飞。曾经有人采访比尔·盖茨成功的秘诀，他说：“因为有更多的成功人士在为我工作。”陈安之的“超级成功学”也曾提到过：先为成功的人工作，再与成功的人合作，最后是让成功的人为你工作。你与之交往的人就是你的未来。

经常与酗酒、赌博的人厮混，你不可能进取；经常与钻营的人为伴，你不会踏实；经常与牢骚满腹的人对话，你就会变得牢骚满腹；经常与满脑“钱”字的人交往，你就会沦为唯利是图、见财起意、见利忘义之辈。

物以类聚，人以群分。什么样的朋友，就预示着什么样的未来。如果你的朋友是积极向上的人，你就可能成为积极向上的人，如果你希望更好的话，你的朋友一定要比你更优秀，因为只有他们可以给你提供成功的经验。如果你总是跟同一群人做同样的事情，你的成长显然是有限的。

人是一种圈子动物，每个人都有自己的人际圈子。大家的区别在于：有的人圈子小，有的人圈子大；有的人圈子能量高，有的人圈子能量低；有的人会经营圈子，有的人不会经营圈子；有的人依靠圈子左右逢源、飞黄腾达，有的人脱离圈子庸庸碌碌、一事无成。

无论你的圈子有多大，真正影响你、驱动你、左右你的一般不会超过八九个人，甚至更少，通常情况只有三四个人。你每天的心情是好是坏，往往也只跟这几个人有关，你的圈子一般是被这几个人所限定的。

按照这些说法，不难看出，朋友会直接且深刻地影响你，影响你上进也可以影响你堕落，甚至可以说：“我们的命运不是掌握在自己手里，而是掌握在我们的朋友手里！”

人的生活中有三大幸运的事：上学时遇到好老师，工作时遇到好师傅，成家时遇到好伴侣。有时他们一个甜美的笑容、一句温馨的问候，就能使你的人生与众不同、光彩照人。

人生就是这样：如果你想聪明，就要和聪明的人在一起，你才会睿智；如果你想优秀，那你就得和优秀的人在一起，你才会出类拔萃。

和什么样的人在一起，就会有什么样的人生。和勤奋的人在一起，你不会懒惰；和积极的人在一起，你不会消沉；与智者同行，你会不同凡响；与高人为伍，你定能登上巅峰……

第五章

养性药膳：改变你的性格弱点

改变性格，改变命运。性格虽然从小伴随着你，有先天性但更具有可塑性。虽说“江山易改，本性难移”，但只要你正确认识到性格弱点对自己的危害，并用心去改变，你就一定会成功！

性格是健康心灵的保证

美国佛罗里达州一位心理学博士指出，一个人脱衣的方式可以显露出他的性格。他根据好几种脱衣习惯来解释各种不同的性格。这套理论用于自我分析较为适合。

来看看你最像下面的哪一种人?

A. 脱衣时常常慢条斯理，而且煞有介事的人。

B. 脱衣速度快，有如狂风卷落叶的人。

C. 一进门，便迫不及待地把鞋子踢掉的人。

D. 衣服脱去后，散放在屋子每一个角落，从不收拾的人。

E. 脱衣服时整齐而有条理，并把衣服折好或挂起的人。

F. 女士们在卸妆时，经常先把佩戴的饰物除下，然后再宽衣解带的人。

G. 脱衣的方式并无一定的模式或程序，次次都不同的人。

心灵分析：

选A：你是自信心和主观意识都非常强的人，且富于理智、聪颖过人，是所谓的知识分子典型。

选B：你多数时候都能善解人意，容易接受别人的意见，忍耐能力也很强。

选C：你充满自信，而且对自己目前的生活感到满足，不过满足终归是满足，但也不要忘记了关键时刻还要去奋斗。

选D：你性格外向而友善，周围会有不少朋友。

选E：你是个完美主义者，对任何事情都非常认真，绝不凑合。

选F：你多半性格纯良温厚，思想深刻，同时敏感而又罗曼蒂克，和你在一起的人都会觉得轻松而开心。

选G：你是个性独特且风趣的人。你会不断认识新的朋友，也喜欢追求不一样的生活。

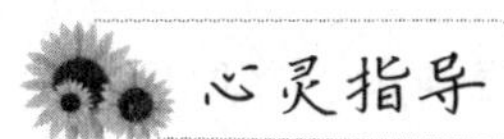

心灵指导

性格是命运的主宰，有勇气主宰命运的人才能成功。命运并非天定，成败自在人为。一个人的成功与失败并不是天生注定的，命运的力量只有不幸的人才承认，幸运的人则把成功归功于自己的性格和智慧。性格不只是影响，而是决定了一生的成败。一个人的事业、家庭、人际关系与身心健康等，都取决于这种所谓性格的东西。

公元前5世纪初，在雅典西南的洛里安姆银矿开采出了一条优质银矿脉，在很短的时间内，新矿层就生产出了好几吨纯银。

正是有了这个在洛里安姆矿场意外发现的“世界宝藏金银之泉”，雅典才一跃而成了地中海东部的海上霸主和希腊世界的领袖。很快，雅典还成为古典时期知识荟萃、艺术生辉的中心。

一个宝藏的开掘，改变了雅典的历史，铸成了西方文明的辉煌。从这点我们可以发现，自然界有了宝藏便能产生奇迹。那么人有了宝藏是不是也能产生奇迹呢？答案是肯定的，每个人身上都有一个宝藏——了解并开发自身的良好性格就是挖掘自己的宝藏。

曾国藩可以说是成功开发良好性格宝藏的典型代表，他一生的成就也得益于方圆得体的性格，这种性格使他处江湖之远深得民心，居庙堂之高深得君心。

曾国藩是清朝历史上最后一位学者兼“贤相”，一生福禄寿禧占全，封建士子追求的虚名与实利他都得到了。

他是靠镇压太平天国起家的。清王朝的统治高层在对曾国藩大加任用的同时，也对曾国藩怀有防范之心。

实际上，他的手中已经掌握了清王朝的半壁江山。曾国藩的心里很清楚，怎么处理好同清政府的关系，是自己今后命运的关键。由此，他性格中的百炼钢转化成绕指柔，曾国藩的性格开始了柔韧化的旅程。

因此，倔强刚猛的“曾剃头”，转变为温厚宽容的圣相，位列三公，权倾当朝，得到了一个汉族官吏前所未有的权势与名利。

曾国藩曾写过一副对联：“养活一团春意思，撑起两根穷骨头。”正是这种刚柔相济的良好性格，使他游刃于朝野上下、天地之间。

每个人的良好性格都是有着神奇力量的宝瓶，而这个宝瓶是我们本身具有的。性格的宝藏，就是在不断地挖掘中磨炼出本色的光芒。

除了我们自己，没有谁能够伤害你，你所受到的伤害都是自己造成的，你从来都不是一个真正的受害者。

很早以前，有一个穷人，他很信奉天神。天神看到他那样诚心，想帮他完成心愿，于是问他："你如此虔诚，是为了求得什么呢？"

这个人答道："心想事成。"

天神便从怀中取出一个宝瓶，交给他说："这是一个宝瓶，叫作性瓶，把它保存好，你要什么，它就会给你什么。"

说完后，天神走了。

果真，性瓶有求必应，给他变出了豪华的住宅、成群的车马，还有很多财宝。

他不禁有点儿得意忘形，手拿性瓶，跳起舞来。

不料，他没跳几步，就摔倒了，只听"啪"的一声，性瓶掉在地上，碎了，那些由性瓶变出的住宅、车马等大量的财物也在一瞬间消失得无影无踪。

穷人跌坐在地，他又变得一无所有了。

性格是一个多侧面的棱镜，在这多个侧面中，不一定所有的面都能闪现出灿烂光辉的性格，很可能有一面甚至几个面是消极的。所以，再杰出的人物也会有其性格方面的弱点，再消极的人其性格也会有积极的一面。

没有人天生就拥有比他人更耀眼的光芒，任何一个人都必须学习如何吸引他人关注的目光，尤其是在人生的起步阶段，就应让自己的名字与声誉附上一种与众不同的特质，使自己超越他人。这种形象可以是某种个性化的穿着打扮，可以是让人们津津乐道的生活逸事，也可以是由内而外折射出的性格气质。一旦建立起了自己的良好形象，就会在闪亮的星空中占有一席之地。

发现一个矿藏，可以改变一个国家的命运；了解并挖掘自身良好的性格，可以改变一个人的一生。而自身性格的宝藏，只属于自己，是谁也偷不走的。

性格是八面玲珑的复合体，没有绝对的完美；性格是出于自然的璞玉，关键在于打磨；性格是生命的圆镜，拂去尘土，本身就是光明；性格是深林的沉香，一经开采，必将散发出迷人的芳香。关键是要在不断的探索中，发现自己独特的一面。

世界是复杂的，但对于我们每个人来说，无非是自己与外界的关系。不了解自己的人是不稳定的人，别人更无法真正了解你，因为最了解自己的人永远是你自己。

一个人一生的奋斗过程其实就是战胜自我的一个过程。要想战胜自我，首先要尽量地了解自身的性格。假如对自身的性格优点、缺点都不了解，就很难在工作学习中扬长避短、挑战自我。

了解自己，可以从人类丰富的知识宝库中汲取养料，以培养自己的智慧，提高自己的聪明才智。树立健康的性格，要学会从知识中正确认识自身，处理好自己与行为的关系；学会战胜寂寞、绝望与烦忧，处理好自己与环境的关系；学会在工作中获取成就，处理好自己闲暇娱乐活动与工作的关系，从而形成自己良好的知识素养、文化素养、道德素养和思想素养；学会正确处理自己与他人的关系。

学会“保养”你的性格优势

把脉心灵

让我们来做一个测试，了解一下自己的性格吧。以下测试题中，回答“是”计0分，“不太确定”计1分，“否”计2分。

1. 不大喜欢抛头露面，在众人面前常会感觉特别尴尬。

2. 宁愿一个人独处，或与一两位好朋友在一起，也不喜欢一大堆人在一起。

3. 很难融入陌生的环境中，在陌生环境中常感到无所适从。

4. 一般情况下自控能力很强，不会轻易做出冲动的事情。

5. 不喜欢参加集体活动。

6. 不愿意与人分享心事，即使是好朋友。

7. 遇事爱较真。

8. 做事很少受到别人影响。

9. 喜欢一个人静静地读书。

10. 喜欢刨根问底。

11. 不喜欢同人发生争辩，遇到前来辩论的人，常会避开。

12. 做事追求完美，达不到时常常沮丧。

13. 遇到事情容易瞻前顾后，举棋不定。

14. 常拿自己跟别人比较。

15. 容易对别人产生嫉妒之心，哪怕是最好的朋友。

16. 很在意别人的看法。

17. 发现异常现象容易想入非非。

18. 对周围的人和事很敏感，疑心很重。

19. 做事总要反复检查才放心。

20. 非常讲信誉，答应的事就会一定做到。

21. 做事有始有终，不到万不得已绝不放弃。

22. 一本书可以反复看几遍，也不会厌烦。

23. 出门买东西前会列出清单。

24. 与人发生矛盾时，常选择退让。

25. 屋内常常保持清洁。

26. 不轻易改变自己的看法。

27. 不喜欢体育运动。

28. 喜欢玩一些安静的游戏，不喜欢团体作战的游戏。

29. 下决心做一件事后，不容易后悔。

30. 常常担心自己或亲人会发生意外。

心灵分析：

计分把每个题的分数相加得出总分，总分的含义如下：46分以上为典型的外向型性格；41～45分为比较外向的性格；36～40分为略外向的性格；27～35分为混合型的性格（略偏外向）；26～30分为混合型的性格（略偏内向）；21～25分为稍内向型的性格；16～20分为比较内向型的性格；15分以下为典型的内向型性格。

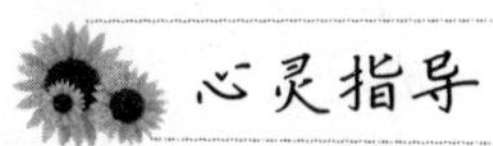

心灵指导

“没有伟大的品格，就没有伟大的人，甚至没有伟大的艺术家，伟大的行动者。”这是法国伟大的思想家罗曼·罗兰曾经说过的话。他告诉我们，一个人之所以能取得成功，是因为他具有与众不同的优势性格。正是这些优势性格，让他到达了成功的彼岸。

人的性格主要是在长期生活中逐渐形成的，不同的人有不同的性格，不同性格的人有不同的性格优势。你要想在事业和生活上成为一个成功者，就需要发挥自己的性格优势，依靠性格的力量，来改变自己的人生。

说到性格，一般来讲，大体上分为内向与外向两种。外向的人更注重外部世界，他们精力充沛、善于社交，他们就像阳光一样，热情奔放，往往会成为社交圈中的中心人物；内向的人则更看重内部世界，他们性格内敛，不善交际，就像月亮一样，只在夜晚静静发光。

对于内向与外向的性格，英国著名心理学家艾森克用人格纬度理论做了解答，他认为性格存在着两个极端：一个极端是外向性格，另一个极端是内向性格。极端内向和极端外向的人只占人群中的极少数，大多数人的性格都是介于内向与外向之间的。或者偏内向些，或者偏外向些，而且人格是可以在纬度上移动的。

大多数人普遍认为，外向的性格比内向的性格更好，其实不然，决定人能否成功的关键不在于你的性格内向或者外向，而是你性格中的优点，也就是性格优势。不论内向性格的人还是外向性格的人，都各有各的性格优势。性格优势就像是上帝馈赠给我们的礼物，掌握得好，它可以帮你扫除成功路上的荆棘及障碍，让你离成功越来越近，反之，利用得不恰当，只能是一事无成。

对于外向性格的人，如果你不注意好好发挥你的优势，也会淹没在众人之中；而内向性格的人，根据艾森克的性格飘移理论，只要你善于利用，你也一样会散发出迷人的光芒来。

安东尼·罗宾曾说过："影响我们人生的绝不是环境，也不是遭遇，而是我们的性格。"看来，一个人要想获得成功，就需要真正了解自己的性格，只有了解了自己的性格，才能取长补短，充分发挥你的性格优势。

通过前文的测试，你一定对自己的性格类型有了了解，不论是内向性格还是外向性格，抑或是混合型的性格，都需要充分发挥我们的性格优势，接下来就开始我们的修炼课程吧！

方法一：停止改变自己性格的行为。人的性格不是一朝一夕就能形成的，它与先天的遗传、后来的环境以及生活的经历都有着很大的关系。盲目地想改变自己的性格是很不明智的行为，这不仅不利于发挥自身独特性格中的优势，还容易事与愿违，抹杀了这些性格中的优势，不仅会让你感到煎熬，也会使你最终走向平庸。接受你的性格，充分发挥你性格中的优势，则会使你变得与众不同，出类拔萃。

方法二：发挥外向型性格的优势。如果你是性格活泼、热情、喜欢交际的外向性格型的人，那么恭喜你，你的热情、乐观和自信都将会为你赢得大家的喜爱。你会给人们甚至是初次见面的人，留下深刻的印象，你就像太阳一样散发着迷人夺目的光彩，轻易就能成为大众的中心，这是你作为外向型性格者特有的人格魅力。请充分利用你的优势，广交人脉，拓宽自己的事业之路，但也需要注意把握好分寸，不要给人留下不拘小节、口无遮拦、不够稳重之感。

方法三：发挥内向型性格的优势。如果你是性格内向型的人，大可不必沮丧。你的性格优势并不差于外向型性格者，也是外向型性格者所不具有的。你虽然不如外向型性格之人那么热情奔放，但你却勤于思考，见解独特。虽然你不如外向型性格之人脉广泛，高朋满座，但你却办事稳妥，左右逢源。虽然你不如外向型性格之人那样有冲劲有魄力，却具有非凡的创造力并且韧性十足。不过也要注意，处事不要过于谨慎、优柔寡断。

病态人格的心灵膳方

每个人一生下来就不是十全十美的，总是会有一些人格障碍的存在。不妨跟着心理学家来做个测验，看你容易有怎样的人格障碍。如果症状明显，一定尽早求助于心理医生。

请将每一题得到的☆加起来，再对照最后的结果。

1. 你平常的作息是否十分不正常？

A. 很正常，因为工作或上课的关系☆

B. 不正常，早上需闹钟叫醒☆☆☆

C. 非常不正常，睡觉时间常常颠倒☆☆☆☆☆

2. 在朋友面前你是否常吹嘘自己的能力？

A. 不多，让别人慢慢来了解自己☆

B. 在有好感的人面前可能就会这样☆☆☆

C. 常常这样，不知道怎么才能改☆☆☆☆☆

3. 你是否平时有暴饮暴食的习惯？

A. 很少，三餐还算规律☆

B. 不会，但三餐时间有时不固定☆☆☆

C. 会，看到好吃的就会大快朵颐☆☆☆☆☆

4. 你喜不喜欢被人约束的感觉？

A. 还好，只要合理都可以接受☆

B. 不喜欢，可能会想反抗☆☆☆

C. 不喜欢，可能直接撕破脸走人☆☆☆☆☆

5. 跟朋友相处你常有怎样的困扰？

A. 朋友很少，大家对我也不友善☆

B. 很难有知心朋友可以倾吐心事☆☆☆

C. 感觉在团体中都是自己配合别人☆☆☆☆☆

6. 看到朋友在一旁议论纷纷，你会有怎样的反应？

A. 应该不关我的事吧，不管他☆

B. 很好奇，会凑过去了解状况☆☆☆

C. 会不会是在讲我的坏话☆☆☆☆☆

7. 最受不了什么类型的朋友？

A. 自私自利，一毛不拔的朋友☆

B. 爱推卸责任的朋友☆☆☆

C. 情绪相当不稳定的朋友☆☆☆☆☆

8. 遇到有好感的人，你通常会有怎样的反应？

A. 跟踪他，调查他的所有一切☆

B. 制造偶遇，增加见面机会☆☆☆

C. 会在心理幻想他是自己的男/女朋友☆☆☆☆☆

9. 假如已经有了另一半，允不允许自己有出轨的可能？

A. 可能，保留自己谈恋爱交友的权利☆

B. 会去认识他，做朋友也应没关系☆☆☆

C. 只可能心动，绝不可能有任何发展☆☆☆☆☆

10. 想到什么会令你最控制不住自己的情绪？

A. 工作或课业上的压力☆

B. 人际关系产生的压力☆☆☆

C. 感情问题产生的压力☆☆☆☆☆

心灵分析：

20个☆：容易有“反社会型人格”。建议：当有不如意时，就适时换个环境，转换并缓和一下起伏的心情。

21~30个☆：容易有“边缘型人格”。建议：感觉自己的想法和旁人迥异时，静下心思考并询问对方为何如此做。

31~40个☆：容易有“表演型人格”。建议：充实自己的专业技能，旁人对你也可由衷地心服口服。

超过40个☆：容易有“自恋型人格”。建议：自恋无可厚非，可以多点自我解嘲式的幽默，尊重他人才能双赢。

心灵指导

人格障碍又称病态人格、变态人格、精神病态、人格异常等，是指人格的畸形发展，形成了一种特有的、明显的、偏离所处的社会文化背景及多数人认可的认知行为模式。人格障碍通常是人在孩童期或青少年期发展起来的严重人格缺陷或病理人格改变，或者人格在总体上不适应的一类心理疾病。严重的人格障碍会明显干扰一个人的社会和职业功能，导致这个人不能保持和谐的人际关系，难以适应社会生活。不但给别人带来伤害，而且本人也深受其害。

人格一词有许多不同的用法，尚无统一的定义。在精神心理医学中，人格一般是指一个人比较稳定的和持续的精神活动模式或行为模式，常与性格、个性等词混用。这种人人格的某些特点过分突出，影响了本人或周围人的生活的和谐，因而引起别人的注目或认为必须处理。本人一般不能认识或不肯承认自己有这些缺点。人格障碍因为没有明确的“发病”“病情波动”和医药治疗方法，所以一般不作为疾病。但又因为某些原来人格正常的精神病或器质性脑病的患者可以出现人格障碍的症状，或某些人格障碍者的表现很像精神病，因此人格障碍成为精神医学的内容之一。

人格特征的形成过去认为主要决定于环境因素，现代研究认为，人格是遗传与环境相互作用的产物，一般在青少年期定型，以后极不易改变。也指对于一群特定拥有长期而僵化思想及行为病患的分类。这类疾患常可因其人格和行为的问题而导致社会功能的障碍。人格违常障碍是据美国精神科医学会所定，这类疾患的表现是跨文化和国界的。它们被定义成发病期至少要能追溯到成长期早期或更早。要能符合人格障碍诊断的最低标准是疾患本身必须已经是干扰到个人、社会或职业功能。

健康的人格是我们孜孜以求的，但并不是每个人都有健康的人格，甚至可以说，并不是每个人都有常态的人格。在这大千世界里，人格的障碍、人格的缺陷的确困扰着许多人的生活，使美好的人生陷入了误区，这确实应该引起我们足够的注意。因为这种误区是人生的障碍，更是成才的大敌。

不是每个人都具有所有的人格，但很多时候多种人格会同时出现在同一个人身上，如果通过不断地自我塑造去努力和升华，最终可以让自己拥有一个完善健全且适宜自己的健康人格。

1. 边缘型人格——天使与魔鬼的化身

边缘型人格障碍又称暴发型或攻击型人格障碍，以行为和情绪具有明显的冲动性为主要特点。发作时不会考虑后果，不能自控，易与他人发生冲突。发作之后能认识到不对，间歇期一般表现正常。边缘型人格通常是童年时家庭暴力的受害者或受到过极大创伤。多数人的童年与家人分离，被忽视，双亲也有冲动和忧郁的特质。这类人一旦形成这样的模式，就会影响到自我评价、快乐程度、幸福感，还有亲密关系的相处能力。他们不认同自己的价值，觉得别人也不符合自己的要求，于是常出现崇拜和攻击、自大和自卑。如果身边有边缘型人格的患者，应该帮助其寻求到一种与自己的人格特点冲突较小的生活途径，这样便可减少患者由于与周围环境的冲突所产生的痛苦，以及减少患者给周围环境所带来的麻烦，如果经过长久的适当帮助，患者人格的某些异常部分就会得到修正。

2. 表演型人格——我不要循规蹈矩

表演型人格障碍，又称歇斯底里型人格。这类人通常具有戏剧化且强烈的情感表达，努力想成为被注意的焦点，其人际关系浅薄、虚假和混乱。这类人很可能会感情用事，甚至在日常生活中也是如此，并且还倾向于摆出自杀的姿态来操纵别人。虚荣和自私自利是他们普遍的特质。此类型人格障碍多见于女性，各种年龄层次都有。由于表演型人格的行为类似于传统上的过度女性化的概念，因而它在女性中更常见。尤其以中青年女性为最，年龄一般都在25岁以下。

表演型人格一般在18岁以前形成。其主要言行表现是：①表情变化快，但情感表达不深；②语言风格给人深刻印象，忽略细节描述；③喜欢自我表演，戏剧化、夸张化地表达自己的情感；④在估计与他人的关系时，往往比实际情况亲密；⑤与人交往时常常表现出不恰当的性吸引力或是诱惑性的行为。

3. 迎合型人格

通常“迎合型人格”的人一般有以下几种表现：

（1）“老好人”形象。在人际关系中，“迎合型人格”的人在人们心目中的形象往往是一个“老好人”，但是人际关系未必就一定很好，因为和这样的人相处时间久了可能会感到不舒服。与这样的人相处，一开始是很容易的，“老好人”通常对同事、对朋友都很热心，表现得善解人意，也喜欢帮助别人，有点什么好处也总是让着别人，显得特别大公无私、替人着想。

但这一切都是有前提的，那就是他很希望得到别人的认可或者感谢，假如没有得到这些，那“老好人”的内心会非常痛苦，也会有愤怒，只不过这愤怒他只是让自己知道，不会表现出一丝一毫的介意，“老好人”总是用对自己不好的方式对别人好。

（2）自我牺牲去成就别人。除了在一般的人际交往关系中，“迎合型人格”在婚姻等亲密关系中也比较常见。“迎合型”的人有可能在婚姻中过分压抑自己的真实感受去取悦伴侣，以此证明自己对伴侣是非常有帮助的人。

总之，“迎合型”的人和人建立关系的方式是“讨好”，这种“讨好”在刚开始交往的时候可能会给人一种很舒服、很愉快的感觉，但久而久之，与“迎合型”的人工作或生活在一起，便会越来越感觉到不舒服，这是为什么呢？因为说不出来，但总感觉到被对方用一根无形的绳子在牵着走，会越来越感到是一种束缚而不是舒服，因为总是要感激，总是觉得亏欠对方，总是要做些什么，否则便会感到内疚。

很多人看了以上的表现就总觉得“我怎么也这么像‘迎合型’的人啊”。其实，在现实生活中，我们每个人身上或多或少都会有一些这样的特质，如果对生活不构成痛苦和障碍，就不是一个问题。只有当这种与人建立关系的方式成为一个人主要的、唯一的、持久稳定的僵化模式时，才构成人格障碍。如果只是一般的“迎合型”人格，并没有构成严重障碍的，完全可以通过一些自我调整的方式进行改善。

第一，学会爱自己。“迎合型”的人总是活得很辛苦，因为他们爱别人超过爱自己，所以无论做什么事情，总是过多考虑别人的感受，同时也把自己的担心和恐惧投射到别人身上。认为自己会有的情绪，别人也一定会有。“迎合型”的人将生命中最宝贵的时间耗费在了关注别人上。除非，他们能好好学习如何在亲密关系中将更多的关注给自己。要明白，爱自己的人，才能赢得别人或伴侣对自己真正的尊重和爱。

第二，了解自己的需要。“迎合型”的人由于习惯为了别人牺牲自己，慢慢就会忘记自己实际上也有需要和渴望。他们以为得到了别人的感激，就是满足了自己的需要，但事实上这只是望梅止渴。只有自己了解了自己的需要，并去真切地感受这种需要，才有勇气去满足自己的需要。了解自己需要的方式有很多，比如可以做一些心理测试或者找心理医师做一次心理咨询。

第三，学做真实的自我。“迎合型”的人在与人建立关系时，总是诚惶诚恐。他们害怕别人不接受他、不喜欢他。他们总是认为隐藏自己真实的情绪和感受才是最好的，一定要表现出很开心、很通情达理的样子，别人才会接受，这也就是他们的“迎合型”关系。

第四，多寻找一些途径表达自己的需要。一个人的一生当中，必须学会适当地表达。“迎合型”的人已经忘记了如何去了解自己的需要，更没有勇气去表达自己的需要。

那么，以上人格障碍应该如何预防呢？

（1）以积极的态度认识自我的存在并接受和尊重自己，对自己的能力和潜力有信心。积极健康的自我意识对于个人的人格成长有着十分重要的意义，尤其对那些主体意识淡薄，对自己缺乏尊重，对他人也缺乏尊重的人更具有重要意义。美国心理学家罗杰斯就曾指出“积极的自我观念为我们正确对待生活提供了极大的有利条件，它是形成伟大的人格力量的基础”。

（2）正确了解、认识、评估自己，并能自我承认和接受这种评价。正确认识自己是一个人自卑、自信、自负三者相互的作用与协调，更好地看清和认识自己，才能更好地朝着确定的方向去实现自我。

（3）学会成为“自己的主人”，能独立自主地认识处理事情，具有较强的创造动机和创造才能。

（4）具备较强的适应能力与应变能力。人是在不断地适应中完善成长的。适应现实就意味着你能跟上时代的节奏，与时代的各种因素相和谐，就意味着你可以完好地保持自己的角色并努力去实现自我。

（5）在关注自我的同时，关注社会生活、自然和他人，有较强的爱心和同情心。要明确人是社会的人，人不仅仅为自己活着，将心置于一个更为广阔的空间，让人心怀世界，心怀天下。

（6）探寻精神生活，不过分看重物质利益。在世界日渐市场化的今天，人们追求经济效益，追求物质享受和感官刺激，这都造成了很多人过分追求表面化。但在看重物质的同时，也探寻精神层面的享受。让自己的价值追求多样化，过一种内心和谐宁静的生活。

懦弱性格的心灵调节

如果你上网去认识朋友，当你把对方约出来时，对方哪一种缺点是你最不能忍受的，会让你马上闪人？

A. 身材太胖或太矮。

B. 谈吐气质太俗。

C. 脸蛋长相太丑。

D. 没有正当行业。

E. 年龄太小或太老。

心灵分析：

选A：容易原谅别人的你，小心会让人得寸进尺再欺负你。你的懦弱指数55％。

选B：你的懦弱指数80%。这种类型的人以和为贵，他不喜欢对立和冲突的感觉，虽然自己有脾气，可是为了让团体气氛和乐，他自己能够忍下来，可是一忍再忍的结果只让大家觉得他很好欺负。

选C：你的懦弱指数99%。这种类型的人内心深处很悲天悯人，心胸比较豁达，很多事情认为吃亏就是占便宜，虽然大家认为他很笨，但是从另一个角度来说，他在做很多好事的时候大家都看在眼里。

选D：你的懦弱指数40%。这种类型的人有自己的坚持跟原则，有很多事情他都可以大而化之做得很好，可是他有一定的原则，如果有人踩到他的原则他就会发飙。

选E：你的懦弱指数10%。这种类型的人好胜心很强，因此很讨厌不上进、不积极、不认真的人。

心灵指导

懦弱的性格不是天生的，正所谓初生牛犊不怕虎，而是由后天受到环境的影响所决定的。所以，懦弱不像人体本身的基因无法改变，只要找到正确的方式，懦弱的性格会得到克服。外界的环境对性格的形成有着一定的影响，但是勇敢的人依然不会懦弱，胆小的人才会有懦弱的性格，我们要做一个勇敢的人，不要懦弱的性格。

一个懦弱的人在生活中通常表现为没有进取心，身心意志不坚定，胆小怕事的人遇到事情就躲闪、逃避，也特别容易屈服于人，甚至毫无理由地逆来顺受。他们在情感上极为脆弱，无法担负任何挫折和失败。一个人最怕别人对自己说的一句话就是："你是个懦夫！"一听到这句话很多人就会热血沸腾，去做以前不敢干的事了。在俄罗斯经典文学书《大师与玛格丽特》中，耶稣对彼拉说过，人最大的缺陷就是懦弱。而懦弱的人，用不着别人来打倒，他自己就打倒自己了。而同样是这句话，不知催生了多少的英雄和伟人。不过也正因为这句话造就了很多成功人士，他们被这句话顶着脊梁，像上了膛的枪一样。不懦弱的人，懂得勇敢地去面对，才能抓住契机，使问题得到彻底的解决。

10岁的乔特洛经常被邻居的孩子加菲欺负，所以他不愿意再出去玩耍。因为在他看来，待在家里比出门要安全很多，至少可以保证不挨打。一天，他帮父亲割草，父亲为了奖励他，给了他一些钱，让他去看电影和买冰激凌吃，但乔特洛拿了钱后并没有去看电影，因为他怕遇到加菲。父亲很奇怪，问他是不是生病了，他只是支吾以对，不敢告诉父亲真相。第二天，乔特洛冒险到巷子里去玩打弹子，可是不巧，他的"敌人"正疯狂地向他冲来，乔特洛吓得浑身发抖，拼命地跑进自家的车库里。这时，他看见父亲就站在他面前。父亲问他："你到底在干什么？"乔特洛还是不想告诉父亲，就撒谎说在玩捉迷藏游戏。正在这时，巷子里响起了加菲的声音："出来，你这个胆小鬼！"父亲似乎明白了一切，他拿出一条厚厚的汽车皮带，然后平静地说："现在有两条路供你选择，一是出去打败那个孩子，一是躲在车库里挨我的皮带。”就在乔特洛犹豫的时候，父亲的皮带狠狠地打在了他的屁股上，比挨加菲的拳头更疼的感受刺激了乔特洛，他像一颗炮弹一样飞快地冲了出去，出其不意地攻击了那个孩子，那个男孩没有心理准备，乔特洛结实地揍了他一顿，并把他赶出了巷子。

可以说父亲给乔特洛的那一皮带让他抛弃了懦弱，找到了自己。以后的日子里，应该说是乔特洛童年生活中最快乐的日子了，因为他充分体会到了勇气所带来的力量，他找回了属于自己的自信，从此再也不会担心受到欺负了。所以，懦弱不能狭隘地定义为一种行动上的怯懦，最大的懦弱其实是心灵上的难以自我坦诚、自我发现、自我认同。没有一颗勇敢的心，思想就会有所畏惧，行动就会拖拉，导致的后果就是怯懦。

对于懦弱，有这样一个公式：勇敢=自信+能力。当一个人具备了自信，拥有了能力，那么他自然就勇敢不再懦弱了。学会了这个公式，懦弱的人在面对事情时，会觉得也许老天残忍地把所有的门都关上，无论我怎么挣扎都无济于事，但是我千万不能放弃，我必须以百倍的信心，去为自己开出一条路。在这条路上，我要冲破一切艰难险阻和黑暗，最后终于成功了，才发现原来所有的敌人不是别人，而是自己，是因为自己的信心和勇气以及百折不挠的精神让自己不再懦弱。

那么在实际生活中，我们应该如何改变这种懦弱的性格呢？

一是懂得正确评价自己。如实地看待自己的长处和短处，坚信自己并不比别人差，在任何事面前要理直气壮、胸有成竹，使懦弱与自卑远离自己。

二是学会正确表现自己。学会在适当的场合表露自己，多做一些力所能及的、把握较大的事情。因为任何成功都会增强人的自信、力量和勇气，要不断地寻找机会表露自己，大的自信是由小的自信积累而来，从身边可以做到的小事做起，一次一次的成功，会竖立起一次一次小的自信，小自信随着积累，慢慢地会变成大的自信，进而形成一种习惯，逐渐克服懦弱的性格。

三是不断充实与提高自己。明确自己存在的不足，以最大的决心和顽强的毅力去克服这些不足，并要勇敢面对你的懦弱，要知道谁都不是天生的软弱者，只要调整好心态，相信自己，就能给自己足够的勇气去战胜懦弱。

其实，一个人学会接纳自己是很重要的，只有自己接纳了自己，人才会有更多的勇气去开始未完成的梦。人的潜能是无限的，而每一个人在这个世界上都是独一无二的。所以，别人能够做到，只要我们肯努力，也可以做到。只要你勇于迈出第一步，积极寻求方法改变自己，那你就已经站在了战胜懦弱的路上！

被动性格的心灵调节

被动型的人就好像那些只加被动技能的角色，不华丽，不强势，简单而内敛。完成下面的选项，测一测你属于主动型人格还是

被动型人格。

1. 从不主动和别人搭讪，即遇到他人往往不是第一个开口。

2. 从不主动联系别人，即便有事也会犹豫。

3. 别人不问我不答。

4. 极少主动追别人，即便是喜欢的。

5. 大多数时间被别人认为内向，但是和熟人聊得还行。

6. 往往很感性却自认为理性。

7. 喜欢自己一个人待着。

8. 不喜欢受到关注。

9. 出去的时候常被拉着跑。

10. 别人问意见时总说，“你觉得行就行”。

11. 买东西譬如衣服，常常想征求他人的意见。

心灵分析：

如果5项以上回答“是”，说明你在生活中很被动。

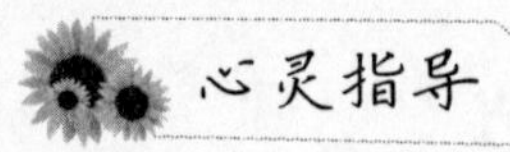

所谓被动是指由于主观的原因而不去为既定目标努力的一种性格特征。它最典型的特点就是对社会交往和情绪刺激缺乏有效的反应。被动的人缺乏能量，做事计划性不足，稳定性也很差，判断力不高，无法适应生活中的挑战，然而在医学检查上却没有发现他们在体力上或精神上有任何明显障碍。他们一般不与周围人发生争论和冲突，也不能与别人建立亲密关系，因此在人群中往往被忽略。

被动的人在心理学上我们把他们归纳为被动攻击型人格。这是一种比较隐蔽的人格，表面上，拥有这种人格的人，显得很谦卑、很顺从，在很多方面，都比较被动，甚至有点逆来顺受的感觉。别人常说："这种人没脾气。"他们常常被别人描述为大好人。但是，在现实生活中，这种人格的人的行为方式，还有另外一个层面，就是消极抵抗。他们常用的方式，就是没有反应。其实，没有反应，就是一种最明确的反应，它可以代表拒绝、厌恶、蔑视等负面情感，这其实就是一种无声、但又十分有效的攻击。"被动攻击"一词，就是由此而来。这种被动攻击模式，往往会引起被攻击人的勃然大怒，但是旁观者们还都觉得被动攻击者有道理，反而引来更多的同情。所以，应该承认，被动攻击也是一种生存智慧。

不过这种智慧会带来很多负面影响。因为这些人意识不到，别人的主动和自己的被动，不一定是别人主观上想要压迫自己，而很可能是自己的性格倾向导致别人用压迫的方式来和自己互动；他们意识不到，被动中也蕴含着攻击，有时候甚至是致命的攻击；他们也难以察觉，他们能从被动攻击中获得好处——赢得同情、获得声援、将别人置于被告和施虐者的位置。

被动攻击模式是有害的，但是，这些人也是不良家庭环境的受害者。这些人的父母往往管教比较严，他们只能默默抵抗。从某种角度讲他们是苛刻教育的牺牲品。

被动不仅在心理上是一种负面的性格，从成功学的角度看，被动的人也是无法取得成功的。

现在"被动"成为了许多年轻人碌碌无为、虚度时光的性格因素。被动最突出的表现就是行为的拖拉，许多明明可以立即完成的事情不马上完成，非要往后拖延，今天拖明天，明天拖后天。只要没有人来催来赶，就不会去把事情弄好。采取的是一种“今天不为待明朝，车到山前必有路”的态度。结果事情没有做好，大好的青春年华也在这种没有休止的拖沓中流失走了。

“被动”产生的首要原因就是不愿意面对困难，害怕艰苦，贪图安逸，这样积习成性。只要长期逃避艰辛的工作和辛苦的事务，逐渐地就会养成习惯，而这种习惯最终导致“被动”性格的出现。

产生“被动”的第二个原因是想法太多。不能明确自己的目标，面对事情也无从下手，缺乏应有的条理和计划，东一榔头，西一棒槌，表面上看似很忙，实际上都没有忙到正确的地方去，做的大都是“无用功”，久而久之在心理上就产生了疲惫，于是干脆什么都不做，任由时光溜走。

产生“被动”的第三个原因是没有正确的时间观念。总是觉得今天的事情可以拖到明天去做，却没有想到，今天和明天都是一样的长短，每天都有每天的事情要做。因此把本来应该通过努力在今天完成的事拖到明天，这是错误的。

产生“被动”的第四个原因是表达不满。由于对任务布置者的不满，或者不满别人对自己的评价，就用这种消极怠工、消极误事的方法来无声地表达自己的不满。

“被动”影响一个人学习和工作的效率，也会滋生焦虑急躁的情绪，更会影响学业和事业的进步和发展。

想必没有人真的打算像一头驴一样被别人“打一鞭子，走一步”吧？

那么如何来改变自己的被动性格呢？

首先，要明确导致我们被动的原因是什么。是由于自卑导致没有做好事情的信心，还是惧怕困难，面对问题总是能躲就躲，还是出于不满用拖延被动的方式来进行反抗。不论是出于什么样的原因，首先要把它找出来，才能对症下药解决它。

其次，针对原因来改变自己的心态。比如：假如是因为自卑，就要多多注意培养自己的自信心。假如是害怕困难，就要鼓起勇气面对它，要相信自己有能力解决它，不要害怕过程中所付出的艰辛。不付出努力是做不好任何事情的。现在舍弃安逸来面对困难就是为了以后不会因为这些事情而影响我们的生活。

最后，就是要在行动上努力改变自己的“被动”性格，主动培养自己的主动意识，在行动上采取主动的态度，来逐渐改变自己的性格。

当今的社会是信息的社会，日新月异，瞬息万变，崇尚的是竞争和效率。假如一个人总是“被动”地像等着挨鞭子的驴的话，那么他肯定会被这个社会所淘汰，更不要说成功了。

不做心灵僵化的人

把脉心灵

生活中，适当的固执是一种好事，因为它可以保持自己的基本原则，为自己加一分魅力。但是过分的固执就是一种偏执。人一旦变得偏执了，就会变得伤感，时常怀疑别人的好心，做出既伤害自己也伤害别人的事。测一测，你是一个固执的人吗?

1. 你经常要求别人做事情十全十美吗？

A. 从没有过

B. 很轻

C. 有时候过

D. 这样要求别人

E. 都这样要求

2. 你是否老是抱怨或者责怪别人制造了麻烦？

A. 从没有过

B. 很轻

C. 偶尔抱怨过

D. 经常抱怨别人

E. 我总是这样抱怨

3. 你是否经常有一些别人没有的想法和怪念头？

A. 从没有过

B. 很轻

C. 偶尔有

D. 经常有

E. 总是有

4. 你是否感觉大多数人都不能信任？

A. 从没有过

B. 很轻

C. 对身边的人信任

D. 大部分时间有

E. 总是有

5. 你是否感到别人不理睬你，也没有人同情你？

A. 从没有过

B. 很轻

C. 偶尔有

D. 大部分时间有

E. 总感到别人不同情

6. 你是否不能控制自己的脾气，莫名其妙地找人发泄，最后言语伤人？

A. 从没有过

B. 很轻

C. 偶尔有几次

D. 经常有

E. 总是有

7. 你是否认为别人对你的劳动成果没有做出恰当的评价？

A. 没有

B. 很轻

C. 偶尔

D. 很容易这样觉得

E. 总是这样觉得

8. 你是否老是感觉别人想占你的便宜？

A. 没有

B. 很轻

C. 偶尔

D. 很容易这样觉得

E. 总是这样觉得

心灵分析：

选A计1分，选B计2分，选C计3分，选D计4分，选E计5分。

10分以下：一点都不偏执。你不存在偏执的情况，是一个心平气和的人，而且大家都觉得你很可爱，所以都非常愿意和你交朋友，这样的你要继续保持。

15～24分：存在偏执。你可能存在一定的偏执度，如果总觉得环境不好，做事不顺心，就要保持警惕，因为你可能患上偏执症。一旦有了这样的情况，你一定要找到问题的症结，然后解决。

25分以上：有严重的偏执症状。你有严重的偏执症状，经常怀疑身边的人对你居心不良。

心灵指导

提起偏执，人们很容易将它与强者、成功者联想在一起，认为某些类型的成功者，如政治家、哲学家、音乐家等，正是由于他们的偏执性格才使他们成功的。似乎偏执是成功的先决条件。而真实的情况恰恰与此相反，偏执不仅不是成功的促成要素，反而是一切失败的总根源。据心理专家讲，人类灵魂当中最大的弱点和最具破坏力的东西就是偏执。

偏执型人格通常表现为普通性猜疑，不信任或者怀疑他人不忠诚，过分警惕与防卫；强烈地意识到自己的重要性，有将周围发生的事件解释为“阴谋”、不符合现实的先占观念；过分自负，认为自己正确，将挫折和失败归咎于他人；容易产生病理性嫉妒；对挫折和拒绝特别敏感，不能谅解别人，长期耿耿于怀，常与人发生争执或沉湎于诉讼，人际关系不良。

说到“偏执”的产生，还是来源于一个人知识上的片面匮乏、见识上的孤陋寡闻、社交上的自我封闭和思维上的主观唯心等。偏执的人喜欢并习惯于坚守自我。有心理专家将偏执的人称作“心灵变僵的人”。在德语中，人们将偏执的人称作“硬脖子的人”，意思是这种人处于僵硬不能动的状态。

有一位刚升入高中读书的男生，前半学期由于同学间互不认识，由老师指定他暂任班长。半学期后由于与同学关系不和，被撤换班长之职。于是，该生开始怀疑是某同学嫉妒他的才干，在老师那里说他坏话，认为自己受到了排挤和压制，对班长撤换一事耿耿于怀，认为同学与老师这样对他不公平，指责他们、埋怨他们，后来常与同学、老师为此发生冲突。甚至状告到校长那里，并要求恢复他的班长之职。大家都耐心细致地劝他，他总是不等人家把话说完，就急于申辩，始终把大家对他的好言相劝理解为是恶意、敌意。他就这样无理取闹，与同学、老师的关系日益恶化，到高中毕业时，仍无根本性的变化，他还是不能从中吸取经验教训并加以改正。

几乎所有的偏执型人最突出的一个特征就是排斥外界、坚守自我。在上面的故事中，幸亏只是一个学生，假如是一个国家元首，那么受折磨的就不仅仅是老师同学了，整个国家都要遭殃。可以说，偏执者是独裁者的雏形，独裁者是偏执者成长的结果。希特勒就是一个“举世闻名”的偏执狂。那么，偏执的人为什么要排斥外界、拒绝他人呢？原因其实很简单，因为在他们的精神世界里充满着深深的恐惧，所以总是坚持自己的想法是对的，别人的想法都是错的。他们在别人面前总以某种权威自居，蔑视别人的观点，甚至蔑视整个人。所以，他们大多数人际关系都很差。然而，有一种偏执型的人很会伪装自己，他们表面上装出愿意接受别人观点的样子，赢得别人的尊重，而他们的内心却极度看不起别人和别人的看法。这种偏执型的人是最可怕的、最危险的人之一。

偏执状态是一种走极端的、不理性的状态，出现这种状态正好反映出人的理性不成熟或理性衰败。可以说，偏执是理性贫乏或理性扭曲的结果。在人群中，比较偏执的一般是幼儿和老人。幼儿很喜欢固执于自己的某种需要，当他们的需要得不到满足时，他们就要胡闹，表现得很不理性。但是，幼儿的固执是短期的，他们的注意力很容易被转移，而老年人的固执才是可怕的固执，我们经常说的“老顽固”就是指老年人的偏执状态。

与偏执型人相反的一种人叫宽容型人。这是一种真正的成功者的性格。拥有这种性格的人对自己、别人和周围环境保持了最大限度的宽容。他们具有鲜明的民主性格结构和高度的心灵开放性。这种人往往表现出很难得的谦卑品格。他们的精神状态比一般人更有活力，更能保持平和感和幸福感。

改掉张扬个性的习惯

把脉心灵

每个人从在妈妈肚子里那一刻起，就携带着独特的色彩能量，这些色彩掺杂在你的性格、情绪、思想以及种种无意识的反应之中。这些色彩能量无所不在，而我们每个人也就呈现出各种不同的魅力来，那么你的性格是什么颜色呢?

如果你和一群朋友去森林中探险，没想到中途遇到一场大雾。大雾散去后，却只剩下你一个人在林子里，你感到非常害怕。这时候，你面前出现了一位仙女，她说："你可以从我手中的魔法物品里选出一件陪伴你渡过难关！"你会选择哪一件呢?

A. 山楂

B. 哨子

C. 铜镜

D. 水晶石

E. 金苹果

F. 树种

心灵分析：

选A：性格颜色为红色。外向、活泼的你支配性极强，天生具有热情洋溢的个性，喜欢充当主导性的灵魂人物，只要有你在的场合，绝对有着热闹非凡的气氛及精彩的话题。

选B：性格颜色为蓝色。处世圆滑、性格内敛，聪明而富有交际手腕，这些都是拥有蓝色灵魂的人所呈现出来的特质。

选C：性格颜色为白色。光明、纯净、单纯、理想主义，是白色灵魂的人具有的特点。其实拥有白色灵魂的人善解人意，往往是父母亲或友人最喜爱的对象，所有事情到了白色灵魂的人手上，就会以理性、客观的方式让事情变得更加圆满。

选D：性格颜色为紫色。神秘的紫色是敏感的代表，拥有紫色灵魂的人对各种超自然现象、古老的传说特别感兴趣。紫色灵魂者可能从很小的时候就有离群独居的念头，有时甚至可以说有逃避现实的倾向。

选E：性格颜色为黄色。拥有太阳般黄金灵魂的人，就像社交圈或朋友眼中的小太阳，擅长制造欢笑与眼泪的你总是会在适当的时候让众人抛开烦恼、展露笑靥。

选F：性格颜色为绿色。慷慨大方、感受力极强的你喜欢照顾他人或成为领头羊。其实，你的控制欲非常强烈，你疯狂地渴望自由自在的生活方式，害怕自己失去控制大局的能力。

心灵指导

我们的种种媒体，包括图书、杂志、电视等也都在宣扬个性的重要性。我们可以看到许多名人都有非常突出的个性。不管他是一个科学家，还是一个艺术家或者军事家。爱因斯坦在日常生活中非常不拘小节，巴顿将军性格极其粗野，画家凡·高是一个缺少理性、充满了疯狂妄想的人。

名人因为有突出的成就，所以他们许多怪异的行为往往被社会广为宣传，有些人甚至产生这样的错觉：怪异的行为正是名人和天才人物的标志，是其成功的秘诀。我们只要分析一下，就会发现这种想法是十分荒谬的。

名人确实有突出的个性，但他们的这种个性往往表现在创造性的才华和能力之中。正是他们的成就和才华，他们的特殊个性才得到了社会的肯定。如果是一个一般的人，一个没有多少本领的人，他们的那些特殊的行为可能只会得到别人的嘲笑和不理解。

张扬个性肯定要比压抑个性好得多。

但是如果张扬个性仅仅是一种任性，仅仅是一种意气用事，甚至是对自己的缺陷和陋习的一种放纵的话，那么这样的张扬个性对你的前途肯定是没有好处的。

年轻人非常喜欢引用但丁的一句名言："走自己的路，让别人去说吧！"但作为一个社会中的人，我们真的能这么"洒脱"吗？比如你走在公路上，如果仅仅走自己的路而不注意交通规则的话，警察就会来干涉你，会罚你的款。如果你走路不注意安全，横冲直撞的话，还有可能出车祸。所以"走自己的路，让别人去说吧"这种态度在现实生活中是不大行得通的。

社会是一个由无数个体组成的人群，我们每一个人的生存空间并不很大。所以当你想伸展四肢舒服一下的时候，必须考虑不要碰到别人。当我们需要张扬个性的时候，必须考虑到我们张扬的是什么，必须注意到别人的接受程度。如果你的这种个性是一种非常明显的缺点，你最好的选择还是把它改掉，而不是去张扬它。

我们必须注意：不要使张扬个性成为我们纵容自己缺点的一种漂亮的借口。

走向社会之后，社会需要我们的是什么呢?

考察一下就会知道：社会需要我们创造价值。社会首先关注的不是我们具有什么样的个性，而是我们具有什么样的工作品质。如果我们的工作品质是有利于创造价值的，我们就会受到社会的欢迎；否则，我们就会受到社会的冷遇。个性也不例外，只有当你的个性有利于创造价值，是一种生产型的个性，你的个性才能被社会接受。

巴顿将军的性格粗暴，他之所以能被周围的人接受，原因是他是一个优秀的将军，他能打仗，否则，他也会因为性格的粗暴而遭到社会的排斥。

陈景润在日常生活上可以说是很低能的，他的这种低能之所以能被社会理解，是因为他是一个大数学家，是因为他摒弃了日常生活中的种种兴趣，把精力全部投入到数学研究中去了。

所以我们应该明白：社会需要的是生产型的个性，只有你的个性能融合到创造性的才华和能力之中，你的个性才能够被社会接受；如果你的个性没有表现为一种才能，仅仅表现为一种脾气，它往往只能给你带来不好的结果。

第六章

理气药膳：给自己的心灵调调气血

很多时候，我们总觉得生活中的快乐太少，其实是因为我们计较得太多。只要我们用心去体验，就会发现自己拥有很多的幸福和快乐，它们就隐藏在普通的生活中。如果你拥有一双发现的眼睛，减少对生活中各种事物的苛求，克制自己的怒气，很容易就能够发现：快乐其实就在身边。

让阳光照进心里

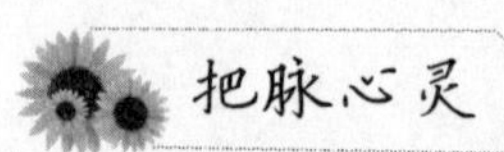

把脉心灵

对自己的内心做一个调查，下面有15个问题，请根据你的实际情况如实回答。回答从否定到肯定分为5个等级：0表示完全否定；1表示基本否定；2表示说不准；3表示基本肯定；4表示完全肯定。请把每题的得分记下来。

1. 你现在对自己抱有信心吗?
2. 当你情绪不好时，你会进行调节吗?
3. 你有明确的人生目标吗?
4. 你有业余爱好吗?
5. 对于生活中出现的问题，你能往积极乐观方面想吗?
6. 你经常进行体育锻炼吗?
7. 当事情没做好时，你也不为此否定自己吗?
8. 你能以幽默的态度对待生活中的许多事情吗?
9. 你已不过分关注自己的心理问题或症状，而去做你该做的事?
10. 你的惧怕心理越来越少，胆量越来越大吗?
11. 你只关注着自己的进步，而不和别人盲目比较吗?

12. 你能把学到的理论运用于自己的生活实践吗?

13. 你是否认为你应该对自己的人生负责，而不应归咎于父母等外界因素?

14. 你有可以相互交流、相互倾诉、相互帮助的朋友吗?

15. 当别人提出你不愿意接受的要求时，你是否敢加以拒绝?

心灵分析:

低于25分要引起高度警惕，马上进行调整；25～34分基本合格；35～49分为良好；50分以上为优等。

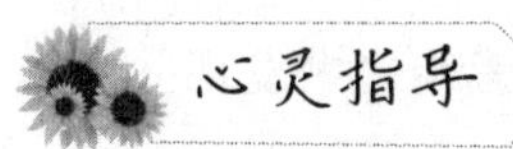

心灵指导

生活之中每一天都有阳光，是否能够感受到阳光的温暖，关键就在于我们是以什么样的心态来看待每一天。

新东方总裁俞敏洪曾经在一次讲学中给学生们讲述了自己的“七句思想精神”，这七句话是这样的：“用理想和信念来支撑自己的精神；用平和和宽容来看待周围的人和事；用知识和技能来改善自己的生活；用理性和判断来避免人生的危机；用主动和关怀来赢得别人的友爱；用激情和毅力来实现自己的梦想；用严厉和冷酷来改正自己的缺点。”

这七句话概括起来，其所阐述的就是一种积极的人生态度，俞敏洪将自己的这七句精神原则归纳为一句话：“勇敢地面对任何困境，保持乐观的心态，并坚持到底；勇敢地面对各种人生危机，以阳光心态去欣赏生活、感恩生活、享受生活。”

在人生之中，危机处处存在，在人生的旅途上，我们随时都有可能陷入危机所引发的挫折与失败、意外突变的痛苦与黑暗之中，此时的困境会让人感到阴影重重、阻碍重重，对未来和梦想看不到一丝希望之光，生活于瞬间失去了原有的色彩。但是，这所有的感觉都是人内心的主观认识而已，要知道，机遇与危机永远是伴生而存的。在人生境遇以如意的顺境为显性显示时，我们首先看到的是机遇，此时并不排除危机与风险的潜在存在；同样，当人生境遇以充满危机的逆境为显性显示时，我们首先看到的是风险与阻碍，但此时并不能排除机遇与希望的存在。简而言之，无论在怎样的艰难处境中，希望与光明都是永恒存在的，是否能在人生境遇的隐性潜藏中寻找到希望与光明，关键在于是否具有在黑暗之中发现并捕捉光芒的积极心态。

在一个城市中，一连半个多月都持续阴雨，经常还会电闪雷鸣，害得这个城市的居民每天都不能正常出行，连日常生活购物都成了困难。各个小区里都是一片抱怨声，大家都在忧虑地哀叹：“太阳什么时候才能出来啊？这倒霉的阴雨天赶快结束吧。”

在一个小区的一户人家里，住着一对母女，母亲每日困在家中，简直快被这讨厌的阴雨天气折磨死了，最喜欢趴在窗子看阳光的她现在已经连望一眼窗外的兴趣都没有了，她在心里说：“这讨厌的鬼天气再不结束，我就要忘记太阳的颜色了。”可是有一天，这位母亲突然发现，往日经常与自己一同趴在窗子上看阳光和窗外景致的女儿，每天依旧会饶有兴致地趴在窗台上向外观望。

于是，她充满好奇地问：“女儿呀，你兴趣勃勃地在窗子前观看什么呢？是在看雨吗？你是不是很喜欢雨呀？”这时女儿干脆地回答说："不是啊，妈妈，我不喜欢总是下雨，我是在看阳光呀！"

妈妈听了后非常惊讶地说："可爱的女儿呀，哪里还有什么阳光呀，每天都是阴雨天，你瞧，现在外面不是还正在下雨吗？唉，太阳都多久没有出来过了啊！"

谁知女儿肯定地说："妈妈，太阳每天都有出来过呀，您都没有见到它吗？它的光芒还是和以前一样好看，只是以前是照在蓝天白云里，现在是照在绵绵不断的雨里面了。妈妈，太阳真的是每天都到窗子前来过的，不然，我们现在怎么会是白天呢？"

听了女儿的话，这位母亲才恍然大悟，原来不是现在的生活没有阳光，而是自己每天只顾着看雨而忘记了看阳光！于是从这天起，她每天都兴致勃勃地和女儿一起看阳光，内心再也不为讨厌的阴雨天气而感到烦闷了。

这个故事告诉我们：生活之中每一天都有阳光，是否能够感受到阳光，关键就在于我们是以什么样的心态来看待每一天。生活之中，当危机发生，给人的内心所带来的痛楚感是必然存在的，而一个真正懂得生活、能够正确对待人生的人，会尽可能地平衡自己的心态，以积极乐观的心理状态去接受生活、面对生活、挑战生活、享受生活。而不是在危机困境中一蹶不振、悲观度日，以消极心态去应对困境，之后使自己跌进更深的痛苦深渊。

有一个年轻人，靠着在夜总会吹萨克斯所赚取的微薄收入为生。他的收入不高，生活也不宽裕，但是天性乐观的他总是一副笑哈哈的样子。这个年轻人每天骑着自己的脚踏车去上班，休息的时候就骑着脚踏车去兜风，他经常感叹说：

“要是我能拥有一辆车该多好啊！”听他这样说，朋友们便和他开玩笑说：“既然你没有钱买车，不如去买彩票吧，说不定你可以中奖呢。”听了朋友的话，这个年轻人果真去买了一张体育彩票，谁知道他这张用两元钱买来的彩票竟然中了大奖，得到了一大笔奖金。于是这个年轻人用这笔钱如愿以偿地买了一辆车，每天美滋滋地开着车子去上班、兜风。

可是天有不测风云，三个月之后，他的这辆车在一天夜里被盗了。得知这个消息，他的朋友想，这个如此爱车、好不容易才如愿以偿地买到这辆车的年轻人，在一夜之间失去了这辆价值几万元的车子，一定会痛苦死了。于是朋友们纷纷来劝慰他，对他说：“你千万不要太难过呀，车子丢了就丢了吧。你可不能为一辆丢了的车子而有什么三长两短啊！”

谁知这个年轻人听后，笑着回答说：“我有什么好难过的呢，丢了一辆车子，我只不过是丢了两元钱而已啊。呵呵，以后凭我的本事，会到更大的夜总会去上班，说不定还能自己登台演出呢，到时我会赚到足够的钱，再买一辆好车的。”朋友们听了他的话，感到万分诧异，不过仔细一想，的确如此啊，这辆车子本来就是用一张两元钱的彩票换来的。

“丢失一辆两元钱的车子”，如果同样的事情发生在你身上，你会怎样去看待这辆车子的价值呢？其实，决定这辆车子价值的不是车子本身的价位，也不是那张彩票的价值，而是自己内心对这一“丢车”事件的认知。同样是一件痛苦的事情，当你换一个角度，以积极的心态去认知，那么，你所感受到的将是完全不同的体验，所看到的也将是完全不同的色彩。

因此，在身陷危机困境之中时，一定要铭记：每天都有阳光，就看我们的心态。你要懂得在困境之中平衡自己的心理情绪，转换自己的思维方式，以积极的阳光心态去审视境遇、诠释生活。

学会做“愤怒”的主人

愤怒是一种复杂的本能，它以多种方式影响着人和社会的各种关系。本测试的目的在于，考查一下你到底是愤怒的主人，还是愤怒的奴仆。

1. 你经常发脾气吗？

A. 我经常发怒

B. 我有时也发怒，可一旦事情过去，总会觉得有点惭愧

C. 我不爱发脾气

2. 你对电影中的愤怒场面怎么看？

A. 对此我有强烈的共鸣，事实上它有时教会我怎样在自己的生活中表达愤怒

B. 我欣赏电影中的愤怒场面

C. 我不喜欢电影中的愤怒场面，就像不喜欢生活中的愤怒场面那样

3. 你生气时的表现如何？

A. 大喊大叫，让人们都知道我是多么愤怒

B. 默默地走开

C. 努力克制，但是不管干什么心里都很烦躁

4. 当你受到伤害时会怎样？

A. 当感到受伤害时，我会当场反击

B. 当感到受伤害时，我会几个小时都说不出话来

C. 伤害使我痛苦极了，我会再也不提这件事

5. 当对方发怒时你会怎样？

A. 我不怕别人发怒，事实上我喜欢吵架

B. 愤怒的人使我害怕，我总是想法与他和解，或者躲开他

C. 别人和我翻脸时，我听他说完，然后设法使他平静下来，以便我们能开诚布公地谈谈

6. 你是否与家人或亲近的朋友吵架？

A. 经常

B. 有时

C. 从不

心灵分析：

选A多：你发起脾气来无所顾忌，容易使他人感到威胁或敌意。有时会感到自己的感情失去了控制。

选B多：你了解自己的愤怒并能适当地表达。你不是个愤怒的人，你能保持理智，克制自己，尽量不发脾气。

选C多：不管你承不承认，你很可能是那种“没脾气”的人。

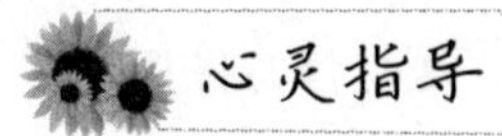

心灵指导

中国传统医学认为生气有损健康。从这里我们不难看出，生气对健康的危害是不可忽视的。

经常发脾气的人，肤色就容易变深，甚至发黑。同时，由于生气所致毛细血管收缩或痉挛，可能会造成皮肤毛细血管循环障碍，输送至皮肤的各种营养物质缺少，于是皮肤逐渐干燥、疏松、枯黄、失泽、萎缩、起皱，甚至死亡。

有时，生气导致的反常行为会形成对大脑中枢的恶劣刺激，气血上冲，往往导致脑出血；生气时由于心情不能平静，难以入睡，致使神志恍惚、无精打采；生气之极，可使大脑思维突破常规活动，往往做出鲁莽或过激举动，导致打架斗殴，甚至杀人，很多悲剧就是这样发生的。

愤怒就像一股无名的烈火燃烧着你的整个身心，它不能帮你解决任何问题，还会让事情变得更糟。

有一天，陆军部长斯坦顿上将来到林肯总统办公室，很是不满地对他说，一位少将用侮辱的话指责他偏袒一些人。林肯总统建议他写一封信强烈地回敬那个家伙：“可以狠狠地骂他一顿。”斯坦顿立刻写了一封言辞激烈、语意尖刻的信，然后拿给林肯总统看。

“对了，对了。”林肯总统高声叫好，“要的就是这个，好好地训他一顿，真是写绝了，斯坦顿将军。”但是，当斯坦顿将军把信叠好装进信封时，林肯总统却叫住他，问道：“你要干什么？”“寄出去呀。”斯坦顿将军有些摸不着头脑。“不要胡闹！”林肯总统大声地说：“这封信不能发，快把它扔到炉子里去。凡是生气时候写的信，我都是这么处理的。这封信写得很好，写的时候你已经解气了，现在感觉不是好多了吗？那么，就请你把它烧了，再写第二封信吧。”

林肯总统遇到类似情况时也是这么处理的。他认为，人在憋气的时候，不满的情绪堆在心中是非常有害的，反击回去或发泄给他人都不是上策。持续的愤怒会变成仇恨，持续的仇恨会让人变得愚蠢。愤怒一旦与愚蠢携手并肩，后悔莫及便会接踵而来。

南北战争接近尾声时，南部的李将军节节败退。林肯总统眼看胜利即将到来，要求部队指挥官米德将军马上乘胜追击，然而米德将军一直犹豫不决，迟迟没有动作，反而花了许多时间和部属召开军事会议，议而不决。等他终于要出兵时，敌军早已逃之夭夭、不知去向了。

林肯总统对这个结果极其愤怒，给米德将军写了一封措辞十分严厉的信，表达其心中强烈的不满。

米德将军读了这封信后的反应如何呢？无人知晓，甚至连将军也不知道，因为米德将军根本就没有收到这封信！林肯总统写完这封信之后就把它收了起来，并没有寄出去。直到他遇刺身亡，人们才在他的档案中发现了这封“写给米德将军的信”。

人不能拒绝愤怒，但可以化解愤怒、做愤怒的主人，而不能被愤怒所支配、做愤怒的奴隶。

不要认为生气是正直、坦率、豪放性格的表现。动辄生气、发火，则是于人无益、对己无利，既伤害了别人，也在惩罚自己，实在不划算。要做到不生气、少生气，就要心胸开阔，宽宏大量，不要对一些细枝末节的小事斤斤计较、耿耿于怀。其实，退一步并非意味着懦弱，反倒是化解矛盾的良策，或许还会由此冰释前嫌，换得云消雾散、海阔天空。

生气有损健康并容易引发悲剧，因此，我们应该学会控制自己，尽量做到不生气。碰上了让自己生气的事，你可以试着用以下方法防止自己生气：

（1）学会说“没关系”。设想以前发怒的事，生气的确是在做一件傻事。

（2）当你不生气时，同那些经常受你气的人谈谈心，互相指出容易引起动怒的言行。

（3）试试推迟动怒的时间，每一次比上一次多推迟几秒，久而久之，可自我控制。

（4）提醒自己“生活愉快胜过金钱富有”，发怒划不来。

（5）要学会自己给自己“消气”；确实遇上了特别令人气愤的事，也要“戒”字当先，戒除恼怒。

（6）当你发怒时，提醒自己，人人都有根据自己的选择来行事的权利。

（7）请你信赖的人帮助你，让他们看见你动怒时，提醒你。

（8）要自爱，提醒自己即使别人做的事情如何不好，发怒首先伤害的是自己的身体。

（9）遇事冷静、待人宽厚并能适当克制自己的情绪，这不仅能够阻止自己生气，实际上也体现着一个人的内在修养。

放大自己的度量

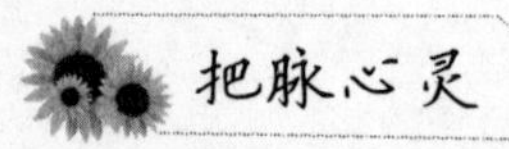

把脉心灵

气量，又称度量，是指一个人对人对事宽容忍让的限度。俗话说，宰相肚里能撑船。气量大的人历来受人欢迎。你是一个气量大的人吗？不妨回答下列30个问题。是画“√”，否画“×”，介于中间画“0”。

试题部分：

1. 你是否不计较别人对你讲话的态度？

2. 你是否对别人的批评尤其是大庭广众的批评耿耿于怀？

3. 你是否乐于看到同你关系不好的人取得成绩？

4. 你是否喜欢嘲笑或贬低与你意见不一致的人？

5. 你是否欢迎原先不如你的人如今超过了你？

6. 你是否嫉恨才干不如你的人得到提拔？

7. 你听到有人讲你的坏话，是否能做到一笑了之？

8. 你和别人争吵以后，是否常常越想越气？

9. 你是否容易原谅别人不自觉的过失？

10. 别人讲话刺伤了你，你是否一定要回敬对方几句？

11. 你经常在领导面前讲同事的优点吗？

12. 你与同事相处是否信奉“人不犯我，我不犯人，人若犯我，我必犯人”的信条？

13. 你尊重能力不如你的领导吗？

14. 朋友们是否指责你为人过于敏感？

15. 你是否认为没有必要对伤害你的人进行报复？

16. 你想起很久以前感情上受到过的创伤，仍会愤愤不平吗？

17. 你愿意同以前和你对立的人一起共事吗？

18. 你认为老实人在生活中经常吃亏吗？

19. 别人对你的亲疏，你是否看得很轻？

20. 你是否认为地位比你低的人对你进行批评是一种冒犯？

21. 你是否常常认为领导对你的批评是出于成见？

22. 你是否经常感到你在工作上的努力没有得到赏识？

23. 你主张邻里相处中宁肯自己吃亏，也要搞好关系吗？

24. 你和同学经常为一点小事争吵不休，是不是？

25. 你是否认为互让互谅是朋友相处的重要准则？

26. 外出吃饭，你的朋友常常爱占便宜不掏钱，对此你是不是很反感？

27. 你是不是很少计较朋友的脾气？

28. 你得知恋人有些事没同你商量就自作主张，是否大动肝火？

29. 你认为任劳任怨是为人的美德吗？

30. 你是否希望用不着的亲戚越少越好？

心灵分析：

上述30道题，你可以按自己行为表现符合的程度：“是、是与不是之间、不是”，进行打分。凡是单数题，“是”计2分，“是与不是之间”计1分，“不是”计0分；凡是双数题，“是”计0分，“是与不是之间”计1分，“不是”计2分。

50分以上：说明你是一个气量很大的人，你不计较别人对你的态度，善于原谅别人的过失。

41～50分：说明你的气量还可以，在很多问题上，你能原谅别人的态度，但在有些问题上，你又同别人很计较。

31～40分：说明你气量不很大，在不少问题上，你计较别人对你的态度，计较自己的个人得失。

30分以下：说明你的气量很小，你经常生别人的气。

心灵指导

中华民族能够拥有五千年的光辉历史，一次又一次在痛苦中复兴，使中华文明发扬光大，靠的是什么？靠的就是包容一切的博大胸怀。

“海归”董先生去某公司应聘一个部门经理要职，该公司董事长亲自坐镇。几天来，面试了不少青年才俊，但是，没有一个能过他的关。董先生是留英博士，董事长看了他的书面材料后，面无表情地给他一张名片，通知他凌晨2点直接去他家考试……

董先生掐着表凌晨2点准时去按董事长家的门铃，却未见人来应门，难道他老人家忘记了约定？但是他还是坚持到早晨7点钟，董事长才让他进门，并且也没做什么解释，一落座，董事长就问他：“你会写汉字吗？”董先生微笑说：“会。”董事长拿出一张白纸说："请你写一个博士的'博'字。"董先生写完了，却等不到下一题，疑惑地问："就这样吗？"董事长安详而满意地看着他，欣然回答："对！你通过了考试。"

两年后，董事长快退休时，他有意再提拔董先生。这次，他开门见山地说："你一定还在想上次那个奇怪的考试吧，其实很简单，作为一个留英博士，你的聪明与学问一定不是问题，所以我考的是你的品质。比如牺牲精神，我要你牺牲睡眠，半夜来参加公司的应考，你做到了；我又考你的忍耐，要你空等5个小时，你也做到了；我又考你的脾气，看你是否能够不发作，你也做到了；最后，我考你的谦虚，我只考一个5岁小孩都会写的字，你也认真地写……"

如果一个人同时具有牺牲精神、忍耐力、谦虚等美德，那么他一定是个有博大胸襟的人，也是一个值得信赖和倚重的人。

曾经有一位伟大的哲学家这样说过："世上最广阔的是大海，比大海更辽阔的是天空，比天空更博大的是人的胸怀。"的确，人的胸怀是无边无际的，老子在《道德经》中曰："上善若水。"这胸怀就如同江河一般滔滔不绝，如同云气一样穿梭自如。

有人说，人际关系上的成功，等于事业上成功了一半。西方商人把中国人的古训"己所不欲，勿施于人"看作是"可以成为自己命运的主人，可以轻易地获得他人的合作与协助，逐步登上成功的顶峰"的"人类行为的伟大法则"，是"黄金法则"，这种理解很有道理。

宋太宗时，有一天官拜殿前都虞侯的孔守正和另一位大臣王荣在北陪园侍奉太宗酒宴，孔守正喝得酩酊大醉，就和王荣在皇帝面前争论起守边疆的功劳来，俩人越吵越气愤，把太宗晾在一边，理也不理，完全失去了为臣应有的礼节。侍臣实在看不下去，就奏请太宗将两个人抓起来送吏部去治罪，太宗没有同意，而是让人把他们两人送回了家。第二天，两人酒醒了，想起昨天的行为，不禁害怕，一起赶到金銮殿向皇上请罪。太宗却不以为然，对昨天两人的行为不作追究，而是说："朕也喝醉了，记不得这些事了。"

宋太宗托词说自己也喝醉了，对两位臣属对自己的冒犯不加追究，既没有丢失朝廷的面子，又让两位大臣警觉自己的言行，这是两全其美的事，何乐而不为呢？

历史上的明君，大多深谙宽容之道，他们或是礼贤下士，听取别人的建议，或是纳谏如流，倾听他人的批评，不以此为逆。遇到破坏自己情绪的事，虽然一时心头不快，但考虑到大局，以事业为重的时候，一点儿暂时的不快又算得了什么呢？

当然，宽容也不是因为怕逆了别人的心，违了他人的意，一味地顺从别人，而应该是大度为怀，在宽容下属的同时也获得其理解与信任。

人是社会的一分子，无时无刻不在与人接触、交往。要处理好领导与被领导之间、同事之间、竞争者之间的各种关系并不容易，要让自己处理好这些关系，就得有一种包容各种人的态度。比如，我们常说的"团结意见不同的人一起工作"，就是一个方面，而严于律己，宽以待人，与人为善，既不嫉妒，又不鄙视对方等，都是包容的表现。

人生因包容而美好。世间有着"剪不断，理还乱"的凡尘梦影，可是包容就好比大雾中的清风，我们正是有海纳百川、有容乃大的气量，生活才日新月异、精彩无比。

做一个有谦卑之心的人

你是个谦卑的人吗？完成下面的问题，选择下面的选项：

1. 在对一件事情做出决定之前，你通常征求别人的意见吗？

A. 是

B. 可能

C. 否

2. 你总是认为自己的能力和别人相比很差吗？

A. 是

B. 可能

C. 否

3. 你认为自己很有魅力吗？

A. 是

B. 可能

C. 否

4. 在与朋友相交往的时候，你有幽默感吗？

A. 是

B. 可能

C. 否

5. 在危急时，你会表现得比其他人冷静吗？

A. 是

B. 可能

C. 否

心灵分析：

选A计3分，选B计2分，选C计1分，计算总分。

5~8分：你对自己显得过于自信，毫不谦虚。其实有些时候听取别人的意见会对你有所帮助。

9~11分：你在生活中表现得很谦虚，而且你的谦虚表现得恰到好处。

12~15分：你在生活中的表现是极其谦虚的。但对于有些事情，你应该学会自己拿主意，谦虚确实是美德，但是任何事情都有一个度，过度就不好了。

心灵指导

在我们的中华文化中，宽容、谦恭、礼让是一种美德，也是为政、为商之道。“宽则得众，信则民任”，治国如此，经商亦不能例外。严于律己，宽以待人，万事兴矣。“躬自厚而薄责于人，则远怨矣。”得理而谦让更能感动人、更能赢得他人、客户对你以及你的企业永久的支持。实际上，谦让不仅是种美德，也是种策略，更是个人和企业制胜的法宝。

《易经》上说：上天总是对傲慢的人看不顺眼，而对低调的人给予利益。

日本人经商有个三字诀，即“低、感、欣”。

“低”即低姿态，见了他人后要保持低姿态，主动降低自己的高度，鞠躬行礼；“感”即感谢，别人是给你送钱来的，是看得起你，你要对他表示万分感谢；“欣”即微笑，对人要面带笑容，给人一个美好的软环境。

美国石油大王洛克菲勒说：“当我从事的石油事业蒸蒸日上时，我自始至终晚上睡觉，总会拍拍自己的额角说：‘如今你的成就还是微乎其微！以后路途仍多险阻，若稍一失足，就会前功尽弃。切勿让自满的意念，搅昏了你的脑袋，当心！当心！’”这句话的意思就是劝说人们要有谦虚的低姿态，尤其在稍有成就时应格外当心。

人们大都会有这么一种想法：越是谦逊的人，你越是喜欢找出他的优点来推崇；越是把自己的所作所为看成了不起、孤傲自大的人，你越会瞧不起他，更喜欢找出他的缺点，加以全力攻击。洛克菲勒正是明白这个道理，才说出这番话，并且从中获益的，因为经过一番警惕后，因小有所成而引起的过度兴奋的情绪，便可平静了。

李开复说：“并不是说你显现出一定能力就不可一世了，这个世界上没有绝对‘完美’的人才！”事实上也是如此，没有一个人能够有骄傲的资本，谁也不能够认为自己已经达到了最高境界而停步不前。如果是那样的话，则必将很快被同行赶上、被后人超越。

有谦虚礼让修养的人，待人热情诚恳，和蔼可亲，尊重别人的劳动成就，从而给人一种谦恭有礼、落落大方的风度。这样的人在与人交往中，一举一动都能替别人着想，关心别人，体谅别人的苦衷，给人以亲切感，促使自己和他人乐观向上，增进友谊和团结协作；相反，缺乏谦虚礼让修养的人，对人态度蛮横、冷嘲热讽，恶语伤人，常常为一点小事，反目相争，纠缠不让，无谓吵闹，使人心情忧郁，精神紧张、苦闷、压抑，更有烦躁不安之感。两种态度的人，收获的也必然是他们应得的待遇。

有这样一则故事：

纽约市泰勒木材公司的推销员克洛里，因为“当面指责顾客错误”，得到过许多深刻的教训。他说：“无数次上当吃亏，使我认识到，当面指责顾客是一件多么可笑的事。你可以赢得辩论，但你什么东西也卖不出去。那些木材检验员，顽固得就像球场上的裁判，一旦判错，绝不悔改！”

有一天下午刚上班，电话铃就响了。克洛里拿起听筒，对方传来一个焦躁愤怒的声音，抱怨他们运去的一辆车上的木材大部分不合格。那一车的木材卸下四分之一以后，木材检验员报告，有55%不合规格，决定拒绝收货。

克洛里马上乘车到对方工厂去，他基本上能猜到问题的所在。在路上，他想，用什么办法可以说服那位木材检验员呢？要是在以前，克洛里到了那里，马上就会得意扬扬地拿出《材积表》，翻开《木材等级规格国家标准》，引经据典地指责对方检验员的错误，斩钉截铁地断定所供应的木材是合格的。

无论克洛里的“知识和经验多么丰富”，无论克洛里的“判断多么正确”，最终，还得按照顾客的意见办事。不是把木材运回去换一批，就是退货。克洛里的态度愈是坚决，对方就愈不让步。

克洛里刚刚参加了卡耐基培训班，学了许多卡耐基处理人际关系的原则。他决心学以致用，既不伤顾客的面子，又使问题得到妥善合理的解决。

到了工厂，供应科长板着面孔，木材检验员满脸愠色，只等克洛里开口，就好吵架。

克洛里见到他们，笑了笑，根本不提木材质量问题，只是说：“让我们去看看吧。”

他们闷不出声地走到卸货卡车旁边，克洛里请他们继续卸货，请检验员把不合格的木材一一挑选出来，摆在另一边。

克洛里看检验员挑选了一会儿，发现他的猜测没有错，检验员检验得太严格了，而且他把检验杂木的标准用于检验白松。

在当地，克洛里检验木材还算一把好手。但他没有对这位检验员进行任何指责，只是轻言细语地询问检验员木材不合格的理由。

克洛里一点也没暗示他检验错了，只是反复强调是向他请教，希望今后送货时能完全满足他们工厂的质量要求。

由于克洛里以一种非常友好合作的态度虚心求教，检验员慢慢高兴起来，双方剑拔弩张的气氛缓和了。

这时候，克洛里小心地提醒几句，让检验员自己觉得，他挑选出来的木材可能是合格的；而且，让检验员自己了解，按照合同价格，只能供应这种等级的木材。

渐渐地，检验员的整个态度改变了。他坦率地承认，他对检验白松的经验不多，并反过来问克洛里一些技术问题。克洛里这时才谦虚地解释，运来的白松木材为什么全部都符合要求。克洛里一边解释，一边反复强调，只要检验员仍然认为不合格，还是可以调换的。

检验员终于醒悟了，每挑选出一块原来他认为“不合格”的木材，就有一种“罪恶感”。最后，他自己指出，他们把木材等级搞错了，按合同要求，这批木材全部合格。克洛里收到了一张全额支票。

尽量克制自己，不做当面指责别人的蠢事，克洛里使一桩生意起死回生，从而减少了一大笔损失。更重要的是：克洛里与这家工厂以及这位木材检验员建立了良好的关系，学会了处理人际关系的艺术，这一点，绝对不是金钱能够买到的。

在几千年中华民族文明史中，倡导谦让大度是一以贯之的。晋代习凿齿说过：“功高而居之以让，势尊而守之以卑。”这样不但不会矫化自己，相反却使自己更尊贵。唐朝魏徵《群书治要·老子》中说：“地洼下，水流之；人谦下，德归之。”有远大志向者，度量则更须博大。

宋代苏轼在《留侯传》中说：“天下有大勇者，卒然临之而不惊，无故加之而不怒，此其所挟持者甚大，而其志甚远也。”苏洵亦认为：“一忍可以支百勇，一静可以制百动。”林逋在《省心录》中说：“和以处众，宽以待下，恕以待人，君子人也。”否则“志大量小无勋业可为”，他认为志向再远大，度量狭小，同样建立不了什么大功业。

谦让的好处实在太多了，所以真正懂得谦让真髓的人，无疑是一个高智慧的人。谦让的人虚怀若谷，就像海绵体一样，无时无刻不在吸收外来的信息和知识，不断地充实着自己的内在，当那些高傲的人在不知不觉中流失养分的时候，谦让的人总是最后的赢家。

生活再苦也要笑一笑

把脉心灵

每个人都希望自己的生活过得充裕，一辈子都能在衣食无忧中度过。这样的人生才不用围绕着生计整天奔波劳碌，甚至说低声下气看人脸色。你会善待生活吗？请来做个小测试吧！

假如你在大街上走着，忽然有个陌生人硬塞给你一个信封。你认为里面放着的会是什么？

A. 一张欠款单

B. 一封反动信

C. 一封情书

心灵分析：

选A：有多少用多少的人，只要是特别新奇、好玩、与众不同的行业，对你而言，你都会插上一脚，也会毫不犹豫地去投资做生意。可是，一旦事情没了热情就失去了新鲜感觉，尤其是创业期间，很容易就会厌倦，这样的你，无论是管钱还是赚钱都是虎头蛇尾。

选B：你要受穷一辈子，想法另类又诡异的你，和正常人的思想不一样。做生意、创业对你来说，一点吸引力都没有。可是，你总是不按常理出牌，做生意要不了几天，成本都没收回就关门大吉了。

选C：这类人只要脚踏实地肯干，那么很容易就能结束穷苦的日子。你做事干劲儿十足、热情又积极，具有一头热的性格和百分百的行动力。这样的人自行创业最合适，但是如果你在冲过头的时候，瞻前顾后的个性和缺乏耐性的三分钟热度，会让生意走下坡路，最后变得后继无力。

心灵指导

善待生活的人更懂得善待自己，善待自己的人更懂得珍惜拥有，珍惜自己才能够珍惜世界。再苦也要笑一笑，你的人生才更美好！

当你历尽沧桑，看惯了人世的繁华，你就会明白：人生不会太圆满，再苦也要笑一笑！寻找快乐，享受快乐，快乐是一种选择，你选择快乐，快乐就会逐渐成为你心灵的一部分。

汤姆先生是一家饭店的经理，他的心情总是很好。每当有人客套地问他近况如何时，他总是毫不考虑地回答："我快乐无比。"每当看到别的同事心情不好，汤姆就会主动打探内情，并且为对方出谋献策，引导他去看事物好的一面。他说："每天早上，我一醒来就对自己说，汤姆，你今天有两种选择，你可以选择心情愉快，也可以选择心情不好，我选择心情愉快。每次有坏事发生，我可以选择成为一个受害者，也可以先去面对各种处境。归根结底，你要自己选择如何面对人生。"

然而，即便是这样一个乐观积极的人，也会遇到不测。有一天，汤姆被三个持枪的歹徒拦住了。歹徒无情地朝他开了枪。幸好发现得早，汤姆被送进急诊室。经过18个小时的抢救和几个星期的精心治疗，汤姆出院了，只是仍有小部分弹片留在他体内。

半年之后，汤姆的一位朋友见到他。朋友关切地问他近况如何，他说："我快乐无比，想不想看看我的伤疤？"朋友好奇地看了伤疤，然后问他受伤时想了些什么。汤姆答道："当我躺在地上时，我对自己说我有两个选择：一是死，一是活，我选择活。医护人员都很善解人意，他们告诉我，我不会死的。但在他们把我推进急诊室后，我从他们的眼神中读到了'他是个死人'。那一刻，我感受到了死亡的恐惧。我还不想死，于是我知道我需要采取一些行动。"

"你采取了什么行动？"朋友问。

汤姆说："有个护士大声问我有没有对什么东西过敏。我马上答：'有的'，这时所有的医生、护士都停下来等我说下去。我深深吸了一口气，然后大声吼道：'子弹'！在一片大笑声中，我又说道：'请把我当活人来医，而不是死人。'"汤姆就这样活下来了。

苦难并不可怕，只要心中的信念没有萎缩，人生旅途就不会中断。汤姆非常珍惜自己的生命，面对死亡、面对被子弹击中的痛苦，尚能够如此乐观和坦然，这是它能够获得重生最重要的条件。所以你要微笑着面对生活，不要抱怨生活给了你太多的磨难，不要抱怨生活中有太多的曲折，更不要抱怨生活中存在的不公。

一个懂得善待自己的人，无论他遇到多大的苦难，他总是习惯保持一种乐观、积极的心态。

俄罗斯有一句谚语说得好："铁锤能打破玻璃，更能铸造精钢。”如果你像钢一样，有足够的坚强去克服人生中的困难，那么这些困难正好可以磨炼你的意志和力量。大凡世界上杰出的人物都遵循了这条人生哲学。

生活就是这样，上帝为每个人发牌，而你只能尽自己最大的努力玩好自己手中的牌。遇到问题，再苦再难都保持一颗乐观的心，笑对人生，珍惜自己并善待自己！现实生活中，懂得善待自己的人，才能更好地珍惜自己、珍惜世界！

快乐和痛苦之间，只隔一层雾或一层纱。“横看成岭侧成峰”，只要你能够学会换个角度去看问题，你就会发现你根本没有必须痛苦的理由。

第三篇

益智明心药膳

第七章

明智药膳：要懂得开发你的大脑潜力

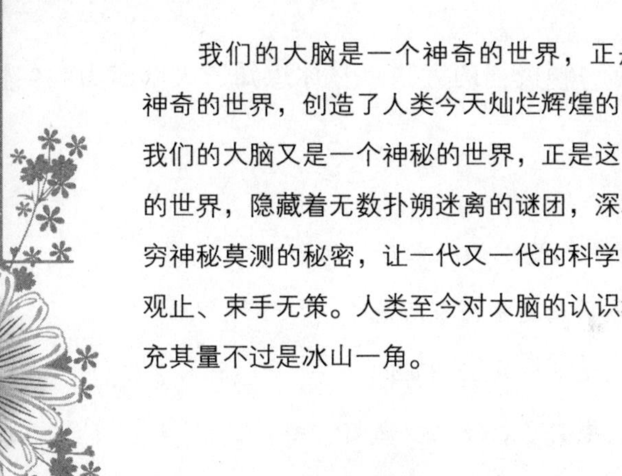

我们的大脑是一个神奇的世界，正是这个神奇的世界，创造了人类今天灿烂辉煌的文明。我们的大脑又是一个神秘的世界，正是这个神秘的世界，隐藏着无数扑朔迷离的谜团，深埋着无穷神秘莫测的秘密，让一代又一代的科学家叹为观止、束手无策。人类至今对大脑的认识和开发充其量不过是冰山一角。

怎样用脑就有怎样的人生

把脉心灵

你有一颗极强的大脑吗？你想知道大脑潜力吗？快来测试一下吧！

如果有人偷吃你的零食，你会？

A. 光明正大拿出来给他吃

B. 气死了！马上臭骂他

C. 安慰自己，下次要藏好

D. 加料一下，引诱他吃

心灵分析：

选A：脑年龄10～20岁。天真的你，心地善良又好相处，喜欢热心助人，抱着童话故事里好人有好报的心态，常表现出纯真的一面，很受欢迎，是朋友眼中的小天使，可为你赢得不少友谊，不太显老，永远有可爱的一面。

选B：脑年龄40～50岁。你常用脑过度，并热衷于权力地位，在工作上要求完美，脾气不太好，常板着扑克脸，或完全不给对方面子，直接臭骂一顿，让同事毫无招架之力、直接喊投降，动不动就生气发火，小心未老先衰！

选C：脑年龄30～40岁。你做事很有原则，会把事情规划得有条不紊，但有时怕做错事，过于小心，反而无法掌握事情脉络，加上勤勉自己一丝不苟、思虑较多，怕事又易后悔，更不懂人情世故，老成过了头，不知变通。

选D：脑年龄20～30岁。鬼灵精怪的你，总能装可爱加上装无辜博取同情，会天马行空编剧本，然后将自己融入情节中，再来个出其不意的突击，让大家觉得你是个开心果。

心灵指导

很多人都深谙这样一个道理："人生好与坏，正如该人用脑一样。你怎样用脑，你的人生就会变得怎样。"

我们也可以这样来理解这一句话：怎样用脑就有怎样的人生。但在学习用脑之前，我们先认识大脑的机能、结构和运行机理对我们至关重要。

人的大脑是人类进化的先行者。我们进化的程度取决于我们利用这一自然界最惊人产物的程度。

从出生到生命终止，我们的大脑随时都在不断地学习。

人的脑量大约有1400毫升，重量大约有3. 5英磅，然而它却是世界上最复杂的系统。

我们人类对大脑了解得越多，越发现大脑的容量和潜能远远超过早期的预料。人类的大脑每秒记录1000个新的信息单位。但是根据最近的实验提出，我们的大脑能记住发生在我们周围的每一件事。

脑的运算速度之快往往是令人惊叹，几百分之一秒内接收一个人脸的视觉印象，大脑可以在1/4秒内分析它的许多详细情况，并将全部信息综合成一个整体，在大脑中产生一个明确的、三维的面容。即使从未在这个地点见过这个面容，人脑仍能从其庞大的记忆库中识别这一面容，同时能想起关于这个人的许多事情，而且大脑还要解读其面部表情，决定行动程序，调动全身肌肉，结果伸出一只手来微笑、说话。发生这种情况的时候，脑分析和整理视觉信息及其他感觉信息，用声音和气味来协助鉴别这个面容。脑能控制和调整身体的位置，保持其平衡或平稳运动，并连续地控制体内数百个参数，校正任何偏离正常的地方，以维持身体的最佳功能状态。在我们一生中，大脑每时每刻都以这种方式不断地觉察、记忆、控制和综合无数不同的功能。

不容忽视的是，人的知觉也非常敏锐。例如人的鼻子可以嗅到一个气体分子的存在，眼睛视网膜上的细胞能感受到一个光子的微小刺激。大脑对电场和磁场以及月亮的盈亏都很敏感，无数证据表明，我们对其他人的心理活动同样也是很敏感的。

很多时候，人们常说："我们只用了我们全部智力潜能的10%。"但就现在所掌握的情况来看，这个估计还是太高了。我们用的潜能连3%都不到，甚至有可能仅仅只是0. 1%或更少。

就人脑的复杂性和多功能性而论，它远远超过地球上的任何一台复杂的计算机。计算机的数学运算能力和逻辑运算能力是非常强的，即便如此，这些能力也仅仅代表人脑许多能力微小的一部分。

脑和计算机之间的最显著的区别是：脑不只是直线似的按逻辑工作，而且能同时对信息进行加工和综合。人脑在不到1秒钟的时间内就能识别一个面孔，这令世界上所有的计算机望尘莫及。计算机发展到今天能做到从10个左右的物体中识别一个像杯子这样的简单物体，然而做到这一点对大脑而言只是轻而易举的事情。

我们现在对人脑的这些了解，是在最近的二十多年中才逐步认识到的。这些知识在我们的学校是学不到的，但却能够改变你的生活方法、学习方法、思维方式、解决问题的方法和创造方式。

英国作家、心理学家、教育家托尼·布赞曾一针见血地指出："你的大脑就像一个沉睡的巨人。它是由千亿个脑细胞构成的，每个脑细胞就其形状而言就像小章鱼。它有中心，有许多分支，每一分支有许多连接点。几十亿脑细胞中的每一个脑细胞，都比今天地球上大多数的电脑强大和复杂许多倍。每一个脑细胞与几万至几十万个脑细胞连接。它们来回不断地传送着信息。这被称为'迷人的织造术'，其复杂和美丽程度在世间无与伦比。而我们每个人都有一个。"

我们完全有理由说：人脑的潜能是无限的，它的存储量大得惊人。那么，我们不禁会问：一个人的大脑究竟能容纳多少知识呢？按照科学家的估算，从理论上而言，大脑存储的信息量相当于藏书1000万册的美国国会图书馆的50倍，高达5亿本。如果一天读一本书，要不间断地读136万年才能装满我们的大脑。由此不难看出，我们大脑的功能何其强大。

无数的科学研究表明，我们普通人对大脑开发和利用的比例，只占大脑潜能很小很小的一部分。这一方面说明我们人类在大脑潜能利用方面存在着惊人浪费的现象，另一方面也为我们展示了这样一幅值得憧憬的前景——如果每一个人都把尚在酣睡的大脑潜能开发出来，那么我们的人生将会充满无限精彩。

大脑潜能是怎么浪费的

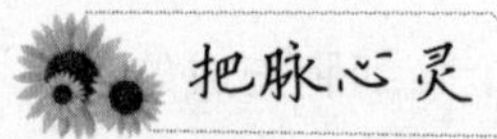

心理学家和认知科学家们都有一个看法，那就是：对一般人来说，大脑潜力只发挥了5%左右，即使是科学天才，大脑潜力也只发挥了10%左右。你的大脑又潜藏着什么尚且没有开发的天赋呢？

你认为下面哪种工作的自由度最大？

A. 送快递

B. 设计师

C. 导游

心灵分析：

选A：你最会笼络人心，完全就是非常现实跟实际，你会用钱滚钱，投资的灵感是特别棒，所以你自己本身就拥有很好的财富，如果以抢钱来讲，你就是会在最后关头紧紧守着家里老人家的那种。

选B：你很有生意头脑，你在数学方面其实很聪明，会精算，最重要的是你很懂得物尽其用的道理，身边的人脉也好，多余的物资也好，只要是眼前能看到的，你都会想办法把它们整合利用起来，而且你野心不大，不会一门心思怎么去做大，所以通常也不容易亏本。

选C：你个性非常独立，你不会因为结婚了就放弃自己的事业，而且你做事业不是很有野心地想要赚多少钱，你是自己为自己活的那种人，你更多地会为了自己的喜好或者兴趣去做事业，尤其是在嫁了人之后，你会比较没有心理包袱，这种轻轻松松、专心致志的状态反而是最赚钱的。

心灵指导

一般来说，人脑的潜能只发挥了不到10%，而90%以上的潜在能力被浪费掉了。这里就产生了一个重要的问题，即人脑的潜在能力是如何被浪费掉的呢?

第一种原因：社会条件的刺激影响大脑的发育。

我们先从儿童大脑发育过程谈起。在胎儿时期，人脑的基本结构已经具备，两半球皮质的六层已形成，神经细胞的数量也已与成人基本相同，约有1000亿个，脑表面的沟也已出现。但从结构上来看还很不完善，脑组织水分很多，脑沟不是十分明显。脑细胞比较小，结构简单，树突少而短。专门的脑神经组织还没有发育完全，大部分神经纤维尚未髓鞘化。新生儿的脑重量在350～400克，相当于成人脑重的1/3左右。

儿童出生后一年内，神经结构和机能方面的发展是非常迅速的，是出生后发展最快的时期，脑重迅速增加到近900克。3岁时增加到1000克，7岁时为1280克，已接近成人的水平，7岁以后增长就非常缓慢了，因为已大体上成形了。随着年龄的增长，脑细胞体积在增大，神经纤维在加长，神经纤维髓鞘化过程也在迅速加快。神经系统的快速发展，保证了儿童心理活动的形成和发展。

人的心理是在人脑与环境的相互作用中发展起来而不是天生的。儿童接受环境的复杂刺激，从而使大脑得以迅速发育和成熟。科学研究发现，儿童在常规的环境中生活，大脑的各部分神经细胞则按一般的速度发育。而外界的适宜刺激越加频繁、强烈，则脑神经细胞的发育速度越快，并趋于完善。有人估计，接受超前教育的儿童到了7岁，他的脑神经细胞可能已经发育了25%，而一般儿童也许只发育了10%。至于那些贫乏环境中的儿童，脑神经的发育就更少了。可惜的是那些没有接受环境刺激的大脑，在生成之后就终止了发育，逐步萎缩，终因老化而失去了功能。我们只能永远使用那些已经发育好的脑神经细胞，由此形成了儿童之间大脑质量的差别。

人脑神经细胞会由于得不到环境的刺激而停止发育，导致萎缩和老化，失去其功能。儿童早期是大脑发育最迅速的时期，由于得不到丰富适当的环境刺激和科学教育，因而阻碍脑的发育和发展，可能是使大脑潜能得不到充分发挥的重要原因之一。如将幼儿进行社会剥夺，使之生活在不与人交往的贫乏社会条件下，会使他们变成白痴，而且不可逆转，这可能与他们的神经系统发育受阻碍有关。反之，在丰富刺激环境下生活的幼儿却得到较好的发展。动物实验和解剖观察也证明了这一点。

美国著名的心理学家布卢姆曾对近千名婴幼儿进行跟踪观察，一直到他们成年，他得到一个引起教育界轰动的结论：5岁以前是儿童智力发展最迅速的时期。他说，如果把17岁时，人所达到的智力水平值设定为100%，那么出生后的前4年即可获得50%，到8岁已获80%，从8岁到17岁获得20%。布卢姆的“5岁前是智力发展的最快时期”及“8岁前获得的智力占80%”两个结论引起了教育界的极大兴趣和重视。可见一个没有受到早期教育和环境丰富刺激的儿童，在学习上要比别的儿童吃力许多，那是因为他的部分脑细胞由于没有使用而急剧老化、死亡并失去功能。狼孩自幼生活在狼的周围，社会教育被剥夺，因而他的脑细胞发育受到极大的阻碍，产生了难以逆转的变化，致使其变成狼孩而丧失了人性。

但是，如果是成年人，由于各种原因受到社会剥夺，比如说坐牢十几年乃至几十年，过着与社会隔离的生活，一旦回到社会中，几个月以后，就会完全恢复为正常人。例如，中国山东省的刘连仁，被日本人抓到日本做劳工，由于反抗日本人的压榨逃到荒山野林中，过了十几年与社会隔绝的生活，在被救回中国后，很快就恢复了身心健康，还做了当地的政协委员，参与政府管理。又如日本人横井庄一被派往印尼作战，战败后他逃进了深山老林，过了27年与社会隔离的生活，直到1972年1月24日返回日本，只经过两个多月，横井庄一已和平常人没有什么两样了，当年就在日本结婚了。这两个事例也证明在少年儿童时期，特别是婴幼儿阶段，随着大脑高速发育，人的智力也在高速发展。在这个年龄阶段，如果智力发展受阻，将影响终身的发展，如果环境丰富和教育训练适当则将会获得意想不到的效果。这就使人想到智力发展的关键期问题。那么什么是关键期呢？所谓关键期，也称为敏感期，它是指个体发展过程中环境教育影响起最大作用的一个时期。

第二种原因：教育失当影响潜能的发挥。

教育包括学校、家庭和社会三个方面。有效的教育，科学的教育，也就是符合儿童心理发展规律的教育，也即是抓住关键期，采取有效的教育措施和方法的教育。科学的教育能够促进儿童的智力与非智力因素的发展，将无限度地发挥儿童的巨大潜能。相反，教育如果失当，即不符合儿童身心发展规律，错过了适当的教育时机，或措施方法不当，经常带来不良的影响，使儿童本来具有的发展潜能得不到完全的实现。特别是错过了儿童发展关键期，其后果甚至是难以逆转的。所以说教育的得当与否，与智力潜能的发挥水平有直接关系，人的潜能之所以得不到充分发挥和发展，教育失当也是重要的原因。

总之，教育得当，方法科学，能大大促进人的潜能发挥和人格健全发展。相反，教育失当，方法错误，则会阻碍智力与非智力因素的发展，压抑潜能的发挥，从而影响健全人格的形成。

大脑如何影响我们的生活

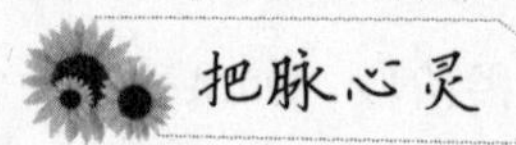

人体的大脑有世界上最复杂的结构，左脑和右脑各司其职。做一个简单的测试，看看你是左脑人还是右脑人。

1. 对于化妆和发型，你会：

A. 尝试各种造型

B. 有时会试着改变

C. 几乎从不改变

2. 如果急需决断的时候，你会：

A. 凭直觉决定

B. 小事当机立断，大事认真思考

C. 左思右想，难以决断

3. 正在制订旅行计划，你会：

A. 渴望冒险，不怕危险

B. 一般不会冒险，但也会根据周围的意见，做适当改变

C. 经过了曾经的失败，要慎重制订计划

4. 阅读传记文学时，你会：

A. “写得都是真的吗？”心存疑问

B. 都能接受书中的内容，偶尔有疑问

C. 不抱任何猜疑

5. 有一位被别人提醒要注意的人物，你会：

A. 没有先入为主的观念，接触后，再判断

B. 稍有戒备之心

C. 表面正常，内心却非常戒备

6. 查阅说明书时，你会：

A. 只看必要的地方

B. 从头到尾通读一遍

C. 从第一页开始仔细阅读

7. 看电影时，你会：

A. 坐右边

B. 坐左边

8. 学生时代，你擅长：

A. 几何

B. 代数

9. 看展览时，你会：

A. 依照喜好，喜欢的才看

B. 依次看

10. 从事于热衷的活动时，你会忘记工作吗？

A. 是

B. 否

心灵分析：

前6题，选A计5分，选B计3分，选C计1分，后4题，选A计3分，选B计1分。

30分以上：右脑型。恭喜你了，由于当今社会左脑型人已经越来越多，所以也更凸显出充满想象力，勇于尝试的右脑型人的可贵。

29分以下：左脑型。很不幸，你算多数人中的一个，所以，现在开始训练使用右脑吧！

心灵指导

大脑内部的活动，乃至大脑自身的结构，决定着每个人的生活态度、行为和情绪。注重感受的人，容易激动，脑部区域移动性较强；而相对安静的人，其脑部区域则没有这么灵活。另外，人脑区域之间的移动性会随着年龄的增加而递减。如果特定的思维模式已经深植于内心，那么我们在精神层面上的灵活性就相对较低。

左右半脑在我们的生活中扮演着重要的角色。直到20世纪的后半叶，人们才知道，两侧半脑分别具有不同的功能。

左脑是理性脑，有人干脆直接称之为语言脑。它掌握语言、文字、符号、分析、计算、推理、判断等，并且直接指挥右侧身体的运动，如右耳、右手、右腿等的动作。左脑用语言来运转，它的思维方式以抽象思维和逻辑思维为主，具有连续性、延续性和分析性等特点。

与左脑不同的是，右脑是感性脑。它掌握音乐、绘画、想象、创造等，并且直接指挥左侧身体的运动，如左眼、左耳、左手、左脚等的动作。右脑用图像来运转，它的思维方式以形象思维和直觉思维为主，具有无序性、跳跃性和直觉性等特点。

左脑的主要功能是进行逻辑推理和语言表达，右脑的主要功能是进行空间和形象的思维，具体体现在直觉、节奏、形象、想象、空间感、整体性等方面的能力。

大家去逛商场时或许有这样的发现：商场中高档、昂贵的商品一般陈列在左侧的陈列架上。这是销售人员从无数的经验中总结出来的一种销售技巧。对这种情况仔细推敲你会发现，这其实是对“左、右脑分工理论”的合理运用。刚刚走进商场，大家立即就会被明亮的灯光和优美的背景音乐所笼罩，就会莫名其妙地被一种欢乐的情绪所感染。事实上，这是在店内氛围的围绕下，右脑进入亢奋状态的结果。这时候，陈列在左边视野中的商品信息被传送至右脑，而对于商品的好坏、是否是自己需要的、是否适合自己、性价比是否合适等信息就会忽略了，右脑的直觉性判断占据上风，顾客就更容易有购买欲望。几乎每一个人都有过冲动购买的行为，这就是原因所在。

除此之外，其实盲文也是对左、右脑分工的巧妙利用。盲文最早是在军队中作为一种暗号使用，其目的是在黑夜中也能阅读信息。而作为盲人的文字得到普及则是大约一百年前的事情。

在当时，因为布洛卡的“左半球为优势半球”的观念占统治地位，所以盲文也是用右手来阅读的，左手只是按住字行的左端以免换行时发生错误。但是在后来，人们发现左手移动速度更快而且不易疲劳，因此直到现在在盲人学校里，学生接受的都是用左手阅读的指导。从这一现象，如果我们从左、右脑的分工来分析，就可以理解为什么左手阅读更适合了。因为左脑是掌管语言功能的中枢，右脑是掌管空间知觉的中枢，而盲文虽然是一种文字符号，但由于它是通过手的触觉来感知和阅读的，所以盲文中每一点本身都不具有意义，点之间的位置关系才具有文字表达的含义。我们也可以这样理解，阅读盲文是依靠空间知觉来进行的，右脑主管空间知觉，所以左手的阅读能力更加出色。盲文在长期的使用过程中不断完善，它堪称是巧妙利用左脑和右脑的分工、具有很强使用性的杰作。

有人用很形象的比喻来形容左、右脑的不同，他们把男性大脑比作左脑，女性大脑比作右脑。因为男性大脑天生逻辑性和方向感比较强，同时男性也更加理智和现实。而女性大脑更加侧重于形象思维，很多时候也更容易感情用事。在空间能力方面，女性的大脑分工比较模糊，男性的大脑分工比较明显；在支配语言能力方面，女性控制语言过程的左脑的速度要比男性快。从大脑的构造上看，女性左、右脑的脑梁部分粗于男性，所以左、右脑可以更顺利地同时使用。因此女性大脑的沟通交流能力特别发达，她们更加敏感、灵敏，能够通过察言观色来了解对方。

学会用脑做事

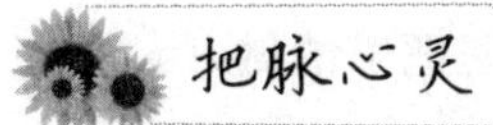

把脉心灵

下面这个测试，是检测你做事的能力，一起测试一下吧！

独自一人出行，进入一片森林，感觉非常累，忽然发现一间小屋，你想进屋休息，此时你希望屋门？

A. 大开着

B. 关闭着

C. 半开半闭

D. 不进小屋

心灵分析：

选A：你处理事情单一，直接，做事欠考虑，冲动，容易招人怨，即便对人慷慨施恩，也不为人所理解，常常处于被动状态。

选B：你害怕拒绝，自尊心强，时常会有试探性举动，小心翼翼，无法承受冲击力较强的事情。

选C：你比较慎重，做事留有余地，但有时却因为考虑过多，失去机会，无法把握重大决策。

选D：你很有主见，自我观念强，判断力强，做事果断坚决，不容易受人左右，常有出人意料之举。

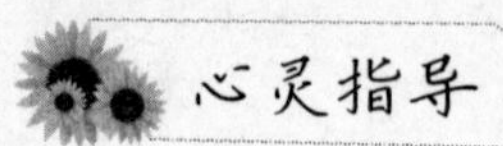

心灵指导

有这样一句话：“认真做事只能把事情做对，用脑做事才能把事情做好。”用脑做事者，在接受他人（或上级主管或同事或其他人）布置的任务后，首先要用脑思考：如何快速把事情做好。要把事情做好就得讲究方式方法，就得思考做事步骤——先做什么后做什么，哪些步骤可以简化哪些步骤可以合并，避免不必要的重复，减少不必要的无用功。用脑做事者追求的不仅仅是在规定时间里把事“做完了”，更重要的是把事情“做好了”，此时有种“圆满完成”的感觉。

下面介绍一些思考时的常用步骤：

步骤一：演绎

演绎是指从普遍性的原理出发，去认识个别、特殊现象的一种逻辑思考方法。

演绎的基本形式：

演绎的基本形式是三段论式，即大前提、小前提、结论。

步骤二：假设

假设是指根据已有的知识、经验、事实等，对问题产生的原因或事物发展变化规律所做出的推测。

步骤三：列举

列举是指把事件发生的各种可能性或要解决问题的特性逐条列出，再根据列出的所有项目进行分析、讨论，最终得出想要的答案。

这种策略不仅能帮助我们快速找全答案，而且可以使我们更容易发现事物或问题内部隐藏的规律。

使用列举法的注意事项：

完整全面：要求不遗漏、不重复的列举出符合要求的所有事项。

有序进行：有序列举，有条理、有逻辑，尽量避免重复或遗漏。

分类进行：列举时，可以先根据事件或问题的性质对可能的答案进行分类，然后再按类别分别列举，从而得到全面的答案。

表格列举：在实际解决问题的过程中，多采用表格列举法进行列举。

思考解决方案：在将全部事项列举出来之后，对所有事项进行深入分析，思考问题的解决方案。

步骤四：推理

推理是指由已知的判断或事实，推断出未知结论的思维过程。其作用是通过已知的观念等获取未知的信息。

演绎推理：由普通性的前提（即众所周知的一般性原理或常识等）推出特殊性结论。

归纳推理：由特殊的前提（即某个具体事实或其他具体事项）推断出普遍性结论的推理方法。

类比推理：是指从一个事物的已知属性推出另一个事物也可能具有这种属性，即将两种事物进行类比。

步骤五：排除

排除，即将非关键性问题因素或议题等排除掉，以集中时间或精力分析关键因素或关键议题。使用漏斗法对某些非关键性事项进行排除，不仅有利于节省思考时间，还可以更有效地利用现有资源。

步骤六：分析

分析是指对问题解决策略的可行性进行分析，即考察所有对策中哪些可以或容易实行，是否有成效，成效有多高。

人们可以采用可行性分析矩阵对所有对策进行分析。可行性分析矩阵是由行和列构成的格子状图形，纵横轴各代表一个要素，只要把想出的各项问题的解决策略放在相应的位置上，它们各自的关系及可行性便一目了然。

步骤七：归纳

归纳是指由一系列具体的因素、事实等概括出具有一般性的原理，即由个别、特殊现象概括出一般性原则或结论的思考方法。归纳由两部分构成，具体如下。

前提：指个别事实或特殊事项。

结论：在前提的基础上，通过推理得出的猜想、推断。

步骤八：联想

联想，即举一反三，指从一件事物或事情推及到其他事物或事情，能够由此及彼，从而扩展自我思维，获取更多知识经验。

联想一般可分为三种类型。

相似联想：指根据事物之间的相似性进行联想，这种相似性通常包括形态、动作、精神等方面。

相关联想：指根据某一事物与其他事物具有某种相关性进行联想，相关性的范围较广。

相反联想：指将特征、性质等方面都截然相反的两种事物连接在一起的联想。

此外，进行联想时应注意：

联想不等同于想象，它不是毫无依据、凭空捏造的，而是依靠人脑中所积累的大量信息形成的。

人脑中的信息量越大，联想的面越广，联想的问题越深。当一个人遇到一时难以解决的疑问时，可以带着问题去联想。遇到相似的经验或事件，便可以通过联想找到问题的答案。在日常生活中，应该多观察多思考，寻找事物之间的关联或相似性，以便在关键时刻做出恰当的联想。

学着开发你的右脑潜能

把脉心灵

你想知道自己右脑的开发情况吗？那么请你在五分钟内根据自己的实际情况选出答案。

1. 下面三门课程，你最喜欢哪一门？

A. 图画

B. 语文

C. 数学

2. 你喜欢参加各种竞赛吗？

A. 从不

B. 有时

C. 经常

3. 手机没电了，可离睡觉还有半个小时，你会怎么度过？

A. 画画

B. 读一会书

C. 提前睡觉

4. 在语文课上，你会选哪个主题？

A. 写一个幻想故事

B. 写假期中的事

C. 就制作某种玩具写一篇说明文

5. 你最愿意做什么工作？

A. 音乐家或画家

B. 作家或摄影家

C. 科学家或工程师

6. 你写字时常用仿宋体、楷体或其他工整的字体吗？

A. 经常用

B. 偶尔用

C. 几乎不用

7. 同别人谈话时，你是否用手势强调你的思想观点？

A. 经常用

B. 偶尔用

C. 几乎不用

8. 你在平时猜测时间能猜多准？

A. 误差大于15分钟

B. 误差小于15分钟

C. 误差小于5分钟

9. 找个座位坐下，身体放松，两手自然交叉放于膝上，看一下你的两个拇指的位置如何？

A. 右手拇指在左手上面

B. 并排

C. 左手拇指在右手上面

10. 通常见过一个人后，他的面孔与名字哪个更容易记住？

A. 面孔好记

B. 没有区别

C. 姓名好记

心灵分析：

上述各题，选A计5分，选B计3分，选C计0分。小组内互相计算总分。得分越低，右脑功能越低。

心灵指导

在生活中每个人常常使用自己的左脑，把潜力无穷的右脑搁浅一旁，殊不知这是我们人类自己最浪费的资源。右脑所特有的想象力、创造力、超高速记忆能力和灵感等是人类巨大的资源宝库。要想培养真正的创造天才，就得要把拥有巨大潜能而又处于沉睡状态的右脑开发和利用起来！下面推荐几种培养右脑的方法：

1. 左侧肢体训练

日常活动中尽可能多地使用身体的左侧是很重要的。锻炼了左侧肢体，就等于锻炼了右脑。左脑的主要功能是进行逻辑推理和语言表达，与语言、数字以及概念、分析等有关；右脑同时也具有进行空间和形象思维的能力，具体体现在音乐、节奏、绘画、直觉、空间感、整体性以及想象和综合等方面的能力。右脑功能增强了，人的直觉、想象力、空间感、整体性等方面的能力就会增强。平时常见的左肢运动很多，你可以用左手剪纸、写字、画画等；也可以用左手洗脸、刷牙、用筷子、扫地、擦桌子、洗碗、拿东西等；还可以用左手进行体育锻炼，比如左手打乒乓球、羽毛球、排球、网球、掷飞碟、投铅球等。

（1）培养左肢意识

其实，生活中随时随地都可以锻炼左肢，关键是要培养用左肢的意识。

仔细观察你会发现，大多数情况下，我们都是用右手拎包，用右肩挎包，我们要做的第一件事情就是：经常有意识地用左手拿东西，哪怕是一件不起眼的小东西。在公交车上，你该多用左手拉住上面的吊环，车的晃动使手与吊环产生摩擦，那也是一种不花钱的左手按摩；摇扇子可以增加手指、手腕和肘关节的灵活性，在夏天多用左手摇摇扇子吧；习惯将钱和公交卡放在衣服的左口袋里，上车后以左手刷卡或者左手付钱。

有一些并不复杂的左肢运动在任何时间都可以进行，每次几分钟到十几分钟，记住左手是主角，右手是配角。

（2）左手梳发锻炼

人的大脑很容易疲劳，脑力劳动者的大脑更容易疲劳。如果一个人长时间学习功课、做作业，很容易头昏脑涨，致使思维能力下降。这是大脑缺氧的表现。这时，应当稍微休息一下，用两手梳头，你就会感觉头脑清醒，精力又恢复了。

梳头锻炼的具体方法是：手指分开，成虎爪状，以指代梳，从前额发际（包括两鬓）抓起，经前顶、后顶至后发，循环往复，直到头皮微微发热为止。梳头时不能胡乱梳，每一次都应该按照上面的方法“从头到尾”。

2. 为右脑睁开的眼睛

右脑开发需要强化图像信息摄入，重点在于眼部的锻炼，下面几种方式都能有效地锻炼你的眼睛，开发你的右脑。

（1）固定点凝视训练法

找出一张白纸和一支黑色笔。在纸上由上往下、从大到小画几个圆点。坐好，深呼吸，使自己变得平静而放松。凝视最上面那个最大的圆点，尽可能不眨眼。感觉那个圆点越来越大，慢慢地充满了整个视野。如果感到自己能保持不眨眼凝视这个圆点很久，目光下移，换一个较小的黑点依次继续。

（2）烛光凝视训练法

关掉房间内的灯，拉上窗帘，点燃蜡烛。把蜡烛放在离你1.5米的地方，保持其高度与眼的高度相当。把注意力放在烛光上，但不要用力看烛光。看几秒钟后闭上眼睛，感觉两眼之间有烛光的残像存在。残像消失后，睁开眼睛继续凝视烛光几秒后闭眼，如此反复。

（3）手遮眼训练法

看看眼前的事物。略屈手掌，手心中部形成凹陷的空间，遮住双眼。闭眼，深呼吸，再睁开眼进行深呼吸。在此过程中，利用手心遮住双眼造成的黑暗，进行景物残像的描绘。当无法形成任何残像时，拿开手看看眼前的事物后，继续训练。

（4）不确定焦点视觉训练法

双手前平举，竖起双手拇指。视线焦点在两拇指之间游走，缓慢呼吸，保持身体不动。暗示自己拇指看不见了。两个拇指变为四个拇指，或者看上去真的消失了。反复练习直到拇指看上去真的消失了为止。

3. 激发右脑的心像潜能

心像，顾名思义就是出现在心中的影像。它不一定是真实的，可能是真实世界在大脑里的反映，也可能本身就是大脑的私家作品。由于心像是以图像的形式存在的，所以它和右脑的关系相当密切。

当一个人看见自己心像的时候，他的注意力将从外界移到内部世界，外界信息接收降低，而成像又属于右脑的工作，左脑基本处于无事可做的状态进而休息。

右脑不断进行图像处理，想象力和潜意识成为工作的主力，随着心像练习的增多，强度的增大，右脑也就得到了相应的训练。

（1）心像训练之白光心像法

放松地坐在椅子上，进行腹式呼吸。注意力放在鼻尖处，保持一段时间，直到感觉眉心上方的额头上有些痒。感觉自己已经打开了额头上的第三只眼睛，想象那里出现了一个小圆点。想象小圆点逐渐变大为发光的球体，越来越亮，成为一个白色闪光球体。凝视球体，感到它慢慢变大充满你的整个大脑，进而扩展到整个身体。光芒从身体中溢出，将你笼罩在光环中。光环逐渐收缩，变回体内的小球，再慢慢变回眉心的小点。小点消失后眼前一片黑暗，黑暗中开始出现一些彩色清晰的图像，你感到自信积极。

（2）心像训练之黄卡残像训练法

制作一张黄色卡片，卡片中心处有直径为3. 5厘米的蓝色小圆形。把卡片放在离眼睛30～40厘米的地方凝视。30秒后迅速拿开卡片，将目光投射到对面的白色墙壁上，墙壁上出现卡片的互补色

（即蓝色）。看着残像直到它消失。多练习几次，延长残像停留的时间，随着右脑开发程度的加深，你将在残像中看到卡片的原色以及卡片上的圆。

（3）心像训练之图形卡片训练法

制作有明显几何形象的卡片。将卡片放在眼前30～40厘米处，凝视20～30秒后闭眼。感觉双眼之间出现物体形状的残像。通过训练延长残像存在的时间和清晰度，之后则无须利用卡片，而是找身边任意物体进行练习。

第八章

定神药膳：改善思维定式的“心灵”验方

思维方式是人类大脑活动的内在形式，它对人们的言行以及影响外部世界的方式起着决定性作用。人生中会取得何种成就，这一切皆与思维方式有着解不开的渊源。下面推荐几种改善思维的“药膳验方”，希望对你改善思维有所帮助。

用正面和积极的头脑去思考

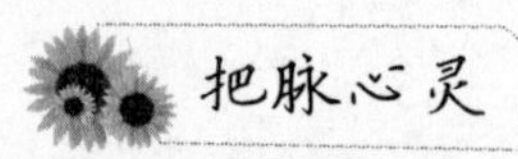

下面这个测试，是对一个人积极思考的调查，请真诚地客观评价。

请根据下列标准，对自己出现下述情感和行为的频率进行打分。

5分：几乎总是；4分：大多数情况；3分：常常；2分：偶尔；1分：几乎从不；0分：不能肯定。

1. 我能把握分寸，面对挑战。
2. 每次做事时我都对前途充满了希望。
3. 即使在困难的条件下，我仍然努力鼓舞士气。
4. 我总是调整自己的心态，使之满怀希望和期待。
5. 我即使工作不顺利，情绪也是高涨的。
6. 早上醒来我对眼前的一天激动不已。
7. 我发现了自己的兴趣所在，并使之得到了满足，由此，我终于成功了。
8. 我对人家感兴趣的项目干劲很大。
9. 我精力旺盛，力争成效显著。

10. 我在生活中得到了很大的乐趣。

11. 我知道在我身外还有一种可以吸取的力量。

12. 我要努力使自己过更高标准、更加崇高的生活。

13. 我会把鼓励的事件看成整个计划的一部分。

14. 我反复练习着肯定自己的技术和观点。

15. 我不让烦恼长久存在。

16. 我说真话。

17. 用同一个标准来衡量自己和他人的行为。

18. 我避免说别人闲话。

19. 我处事公正，待人不偏不倚。

20. 我不挑拨离间。

心灵分析：

分数越高就说明你是个正面思考的人。

心灵指导

一个只有用正面和积极的头脑去思考的人，才会有更多的创新和方法，才会在工作中挑起重担，取得大的成功。那么，接下来我们要了解一下，积极正面的思考能够带来什么样的力量。

美国石油大王、前世界首富洛克菲勒先生在创业初期曾面临过很多困难和压力。但即使是那些在其他人看来已经毫无希望的事情，他也在心里一遍遍告诉自己“这件事一定会有办法的”，并为之积极寻求解决的办法。

洛克菲勒先生在最初创办公司时，因为轻信了对手而上当受骗，背负了很多债务，处境相当困难。他的合伙人和许多之前支持他的人对他的才智都开始没有信心了，但洛克菲勒先生自己却毫不气馁。有一次，他为筹借15000美元而四处奔走，多次碰壁。然而，他并没有放弃，而是一直冥思苦想如何去借到钱。

有一天他走在街上，就在满脑子还充满着借钱的念头时，有位银行家拦住了他的去路，在马车上低声问他："你想不想借5万元钱，洛克菲勒先生？"困扰洛克菲勒先生多日的借款问题就这样毫不费力地解决了。

洛克菲勒的财富人生，与他无论处在何种情况下都始终用积极的态度思考紧密相关，而他自己也把这一点奉为成功的法宝，在选择和任用人才时更把这一点作为重要的考察条件。

罗杰斯是洛克菲勒的一名重要下属。他为人忠诚、办事妥当，深得洛克菲勒先生的信任。但是在洛克菲勒主持公司期间，罗杰斯一直没有担当过独当一面的重任。但轮到他的儿子主持公司时，罗杰斯却很快就被提拔到重要岗位上来了。这时，洛克菲勒亲自给儿子写了一封信：提醒他注意用人之道，原因是他觉得罗杰斯是一个缺乏积极思考的人。原来，之前洛克菲勒曾有意启用罗杰斯，为此用一个看似不可能出现的情况去考验罗杰斯，但让他失望的是，罗杰斯马上说这件事情不可能实现。因此，在洛克菲勒先生看来，一个经常奉行"不可能"的人，当给他委以重任时，如果遇到机会或者危难，他都不能启用他积极思考的才智去应对，这样的人，恰恰是把希望变成没有希望的人。

当然，洛克菲勒先生最伟大的一点是，他并没有因此而完全认定罗杰斯一定不行。他对儿子说："约翰，你可以和罗杰斯谈谈，我希望他能有所改变，到那时候他也许就有好日子过了。"

正是因为洛克菲勒先生在人生和事业上取得的成功，让他对积极思考的力量笃信不移。而反观在各个领域取得杰出成绩的人，他们也往往具有积极思考者的共性。美国著名心理研究中心——皮尔中心进行过一项研究，概括出积极思考者的十大品格特征：

（1）乐观：即使困难和危机就在面前，也依然相信并期待会有积极的结果出现。

（2）热情：充满兴趣、干劲、情感，动力十足。

（3）信念：坚信在必要的时候会有某种神秘力量为自己提供帮助和指引。

（4）正直：按照诚实、公开、公平的行为准则生活。

（5）勇气：即使是前途险恶，也仍然愿意去冒险克服困难和恐惧的心理意愿。

（6）信心：对自己的能力、才能和潜力深信不疑。

（7）决心：在追求一个目标、目的或事业时百折不挠、孜孜不倦。

（8）耐心：在机会、有利条件和结果的出现前选择等待而不盲动。

（9）镇定：困难面前始终保持清醒的头脑和平衡的心态，愿意花时间反省思考。

（10）专心：在目标和优先项目确立后集中注意力。

在很多情况下，我们的心态决定我们的能力，我们认为自己能做多少，我们就真的能做多少。那么，从现在开始让我们向积极思考者靠拢吧，如果我们用积极正面的思考去指导生活，我们的明天也一定会更加美好。

培养你的灵感思维

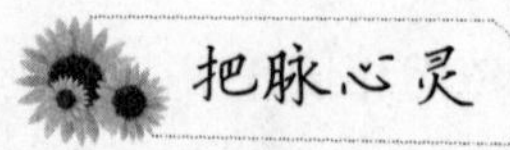

把脉心灵

对于灵感，你是怎样理解的？你选择的答案是：

A. 不懂灵感是什么

B. 曾体验过，但实在很难得到它

C. 依靠灵感来学习

D. 很幸运，它能常常光临

心灵分析：

选A：是从未真真正正、认认真真地学习过，从未殚精竭虑地思考过的人。在学习上从未享受过苦尽甘来的兴奋。当为解决某一问题而苦苦思索的时候，当一篇作文写不精彩就会食不知味、睡不安稳的时候，当翻来覆去地思考着某一目标的时候，也就是灵感即将“降临”的时候，只有到了这种时候，才能懂得灵感是什么。

选B：是愿意思索但不善于思索的人。建议：多想想那一刻的灵感是怎样产生的，这样，有助于创造条件，促成新的灵感产生。

选C：是有天赋、有个性的人，但也是很情绪化的人，因而往往难以有好成绩。忠告：敏锐固然是优势，但汗水却是成功的基础。

选D：是爱学习、善于学习、勤于思考、富于创造力的人。

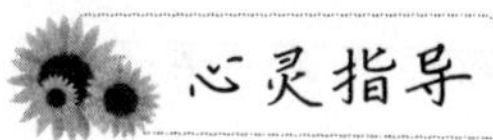

心灵指导

灵感是什么？灵感是创造性劳动过程中出现的一种功能达到高潮的心理状态，是指人们头脑里突然出现新思想的顿悟现象。它是一个人在对某一问题长期孜孜以求、冥思苦想之后，通过某一诱导物的启发，一种新的思路突然接通。

2000多年前，叙拉古国王希罗要阿基米德在不损害王冠的情况下检验其中是否掺有其他金属，这个任务难倒了阿基米德。

阿基米德知道最重要的问题是把皇冠的体积测出来，但王冠的形状太复杂了，他茶饭不思地对这个问题思考了很久。一天，他坐在澡盆中洗澡，水溢出来的现象一下子就触动了他——那溢出来的水不就是自己身体浸在水里部分的体积吗？

阿基米德由此得到了启发，于是他首先称了王冠的重量，然后找来相同重量的纯金。最后，他把两者都放到装满水的盆子中。阿基米德发现王冠和纯金放进盆子后溢出来的水的体积不一样，因此断定王冠被掺了假。在此基础上，阿基米德发现了著名的浮力定律。

灵感是人们头脑中普遍存在的一种思维现象，同时也是人类能够自觉地加以运用的思维方法。运用一定的技巧，灵感就有可能被人们所捕捉和利用。总体来看，灵感有以下几种：

1. 顿悟型灵感

顿悟型灵感是一种突然的感觉或理解，它是由疑难而转化为顿悟的一种特殊的心理状态。

苏联教育家马卡连柯花了30年时间搜集和整理了丰富的创作材料，但是却难以下笔——他还没有写作的灵感。直到有一天，他在跟卡米罗·高尔基进行交谈的时候，突然产生了灵感，茅塞顿开，于是创作了《生活之路——教育叙事诗》一书。

顿悟型灵感的最大特点是自我实现。跟其他类型的灵感不同，它可能跟其他人和事没有任何关系，只是自己的思考已经成熟，是一个“瓜熟蒂落”、自然而然的结果。

2. 启示型灵感

受到别人或者某种事物或事件的启示而激发的创新型思维，称为启示型灵感。启示型灵感十分普遍。

19世纪20年代的英国想要在泰晤士河修建世界上第一条水下隧道。但在松软多水的岩层挖隧道很容易塌方，因此无法施工。一天，一位工程师正在思考这个问题时，无意间发现一只昆虫在坚硬的外壳保护下钻进了很硬的橡树皮里。工程师突然得到了启发：他决定采用小虫子的办法，改变以往先挖掘、后支护的做法，而是先将一个空心钢柱体（构盾）打进岩层中，然后再在这个构盾下施工。这一方法成功地解决了水下作业的问题。

能够启发人们灵感的事物有很多，要如何才能利用这些事物呢？最好的办法就是不轻易放过每一个对我们有用的现象。

一位美国科学家在河边钓鱼时，发现一只静伏在石头上的青蛙总能够准确无误地捕捉到从它面前飞过的昆虫。科学家对身手敏捷的青蛙十分感兴趣，从此以后，他用了两年的时间来研究青蛙眼睛的构造，结果发现青蛙的眼睛和人类的眼睛有很大的不同。通过进一步的研究，他制造出高精度的电子蛙眼。后来，美国空军用20万美元将这个发明买了下来，因为它比雷达能更准确地捕捉以1.6万公里时速飞行的东西。

3. 触发型灵感

触发型灵感指在对某个问题进行了较长时间的探索和思考之后，接触到某些事物，这些事物引出了所思考问题的答案或启示在头脑中突然出现的思维方式。

加拿大人詹姆士·奈史密斯博士是美国一个学校的体育教师。他在体育教学的过程中发现有些学生对室外体育运动——如跑步并不感兴趣，于是就想发明一种全新的室内运动，但是一开始他的思路老打不开。一天，当他看到竹篮的时候，突然想到是不是可以发明一种把球投入篮子的运动呢？后来，他根据这一灵感设计出了“篮球”这一运动项目。

从篮子到篮球，看似十分简单，但是如果没有经过长期的思考准备，这种灵感恐怕不容易出现。

4. 遐想型灵感

遐想型灵感指的是在紧张工作之余，让大脑处于无意识的放松状态，在休闲情况下产生的灵感。有人曾经对821名发明家进行了调查，结果发现在休闲场合产生灵感的比例比在紧张工作的时候要高。这种调查为遐想型灵感提供了事实基础。

许多科学家、艺术家在进行创造发明、创作的时候，都有这种灵感现象的出现。爱因斯坦关于时空的深奥理论是在病床上想出来的，生物学家华莱士关于进化论中自然选择的观点是在他发疟疾的时候想到的。

当然，遐想型灵感并不是我们只要睡觉做梦、游玩散步就能产生的。相反，思想的惰性、思维的惯性和保守性都是灵感产生的障碍。进行大量的积极思考、付出辛勤的劳动，这才是遐想型灵感产生的重要基础和前提。

5. 梦幻型灵感

科学研究表明，人们在进入睡眠之后，意识会慢慢停止，潜意识浮现出来——这就是梦。梦幻型灵感即是从梦中情景获得有益的认识，推动创新的进程的一种灵感形式。

许多小说家的一些很有名的作品都是源于梦中的情景。英国推理小说家史蒂文森的名著《化身博士》就是源于一个梦中的情节。他曾在自己的传记中说过，他的大部分创作灵感都来自于梦境。史蒂文森习惯每晚睡前给自己的潜意识特别的提示，让梦境详细地延续下去。日本小说家吉行淳之介、齐藤荣等，也经常把梦中的故事写成小说。

爱因斯坦几乎每天都睡午觉，这可以算是他的另一种工作形式。当想不通一些问题的时候，他就会盖住被子大睡，让梦中的灵感为他解答疑问。他在1905年发表狭义相对论之前，曾经花了很多年时间对这个问题进行思考，但是有一些疑问仍然无法得到解答。一天，他躺在床上睡着了，突然被一道灵感惊醒，他马上起来记录下来。几周后，一个伟大的理论诞生了。

梦幻型灵感并不是玄之又玄的东西。弗洛伊德关于梦的研究告诉我们，梦其实就是协助大脑将白天吸收的信息做文件储存和整理分类的工作。睡梦中你的逻辑思维已经停止，但是潜意识却一直在辛勤地工作。

让你的创意开花

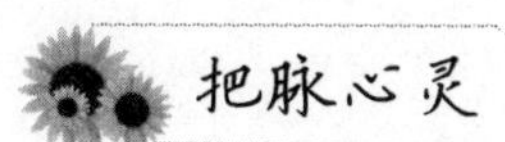

把脉心灵

压力状态下，你的生活有没有变得呆板？古灵精怪、奇思妙想是否已经离你远去。创意，还能存在你的脑海中吗？来测试一下吧！

新年以来你和他第一次约会，一起去庙里进香。你许愿今年万事如意，结果抽了一个大吉签。如果要你把这个好签系在树枝上，你选以下哪个树枝？

A. 尽量高的树枝

B. 一伸手就够得到的树枝

C. 低矮的树枝上

心灵分析：

选A：自由创想，思维独特，属于可自由创想的类型。你的独特的思考方式常让周围的人惊讶、担心或害怕。如果你有合乎时宜的点子，很可能就会招来大财运。

选B：常不脱离固定的形态。一生不会有太大的失败。通常你能做水准以上的工作，对自己的能力和感觉很有自信。如果你想要有很好的创意，最好有意改变一下观点。如此，你会意外地得到好主意，而财运也必为之大开。

选C：你对新的事物总是敬而远之，相当消极。你对自己的判断很没自信，常常为这为那烦恼不已。因此，你与其从事凭着瞬间的创意来决胜负的工作，不如从事需分析、检讨过去的实绩和经验来作出判断的工作。你不喜欢多样化的生活，只想守着一个人过日子。因此，比起做个领导者，你更适合做个幕僚，如此才能发挥你的特性，也才能招来财运。

心灵指导

从小到大，我们一直被这样的教育和告诫所包围：这件事非常重要，你必须付出常人难以想象的艰辛才能完成。这个环节很关键，你一定要勇于承担重任。一旦一件事和重要连接在一起，思维惯性就会自动跳出来告诉我们：这件事是困难的，这件事是沉重的，这件事是要拼尽全力的。

那么，创意作为实现人生财富梦想过程中至关重要的环节，它和我们通常意义上的重要概念有什么不同之处呢？让我们来听一个故事吧！

有两个抱负非凡的年轻人，他们立志要寻找宝藏，历尽千辛万苦后终于找到了通往一个山洞的巨大铁门。这时，上帝出现了。上帝对他们说：

“这就是打开宝库的门，但遗憾的是，门必须靠你们自己的艰苦努力才能打开，谁也不能代替你们。不过，为了帮助你们，我决定借给你们一人一样工具，请问你们是要斧头还是要刀？”

第一个年轻人听了上帝的话，马上说：“我要斧头。”

他拿着斧头，用尽吃奶的力气向门上砍去。但任凭他如何用力，铁门只是传来一阵又一阵“砰砰”的巨响声，连一丝缝也没有开。

轮到第二个年轻人了，尽管他已经看到上帝手里只剩下一把刀了，却依然问道：“上帝啊，您能不能把开门的钥匙借给我呢？”

上帝听了很高兴，马上从兜里掏出来一把钥匙，送给第二个年轻人说：“恭喜你的思维跳出了被我限制的前提，既然你是一个举重若轻的人，那么宝藏就归你了。”

其实，真正的宝藏一定需要举重若轻的人才能拿到。创意也是如此，“踏破铁鞋无觅处，得来全不费工夫”。

创意和沉重无关，所有吃力不讨好的事情都不是好的创意；创意和艰巨无关，它的本质是要化艰巨为轻易；创意也和常态无关，它的目的就是要找到不同寻常之处。创意是一种突如其来的灵感，它迈着轻盈的步履，走在曲径通幽的路上，带我们到人迹罕至的桃花源，给予我们一种意外的惊喜。但是，当现实生活中需要创意时，我们经常会像面对山洞口那个巨大的铁门般，或者不知所措，或者像第一个年轻人那样拿着斧头用力地去砍，结果实践越多，失败的阴影越大，内心的恐惧越多。

创意之所以在大多数人看来是那么难，只是因为没有找到打开创意之门的钥匙。一旦我们的思维突破各种传统和规则的限制，一旦我们从司空见惯的事物中看出新意，我们就会像拥有创意之门的钥匙那样轻而易举地赢得创意带给我们的巨大财富。

被誉为中国摩托车王国国王的尹明善，56岁才开始创业，到62岁时总资产已达到18亿元，成为中国排名前50位的超级富豪。在尹明善身上，除了创业的激情和持之以恒的态度之外，真正助他实现梦想的只是一个看似无心插柳的创意。

20世纪90年代，当56岁的尹明善决定创业时，他拥有的总积蓄只有3万元。他想赚钱、想获得成功，而在众多亲友看来这是痴人说梦。在别人不解的目光和嘲笑声中，尹明善通过东挪西借和说服股东入伙，在重庆郊区租了一间40平方米的厂房，注册了一个名为“力帜—轰达车辆配件研究所”的厂子。厂子的生产方式非常原始，基本是手工作坊的制作方式，产品是当地作坊中非常常见的反光镜等摩托车零件。这些零件生产出来后，主要是卖给当地著名的摩托车公司——嘉陵摩托。然而，让尹明善追逐财富的梦想化为泡影的是：由于生产反光镜工艺简单、设备要求低，重庆一带做这个行当的人非常多，因此利润也十分微薄，一番辛苦下来，厂子几乎没有什么盈利。

在这种窘境下，尹明善又尝试生产弹簧、脚踏板、轮胎钢圈钢丝等零部件，但盈利情况还是不理想，除了饭钱，一个月下来基本所剩无几。为此，当初借钱给尹明善的亲戚以及股东们也十分焦心，大家议论纷纷不知何日能赚回钱来。

在这种情况下，尹明善反而镇定自若，他的脑子里成天想着如何突破现状。

一天，尹明善因为和人谈生意来到了一个叫杨家坪的地方，不料对方爽约了。尹明善无意中散步来到了重庆另外一家很大的摩托车公司——建设厂的维修部。在维修部柜台货架上摆着各种各样的摩托车零配件，当尹明善的眼睛从柜台上扫过时，他看到了一个写有“发动机部件”的纸标牌。在纸标牌后面，堆着几个散开的零件。尹明善突然心中一动：原来发动机拆散了就是这些零件啊，虽然以前没见过，但看起来好像不难生产。

这一刻，他想到了在众多的手工作坊中，其他配件都有人生产，而发动机零部件还没有人生产，那不如自己直接生产发动机零件好了。

接下来尹明善又想，生产了发动机零部件，他能卖给谁呢？重庆所有开手工作坊的散户生产的零部件都是要向本市的两大摩托车巨头——嘉陵厂和建设厂供货。然而目前这两个厂自己都不生产发动机，所需要的发动机都是从河南进来的。

想到这里，尹明善仿佛醍醐灌顶一般。他想：既然如此，那我为何不直接做成成品的发动机再出售呢？他们要从河南进货，就说明本地没有人给他们提供这个货，而这正是市场的空白。这样一想，他一下子乐了，马上买了一些发动机零件，回到自己的厂房。经过厂房配件师傅的几下捣鼓，一个摩托车发动机很快组装成功了。

初战告捷的尹明善接下来的任务就是寻找买主了。他提着由自己作坊简单拼凑的发动机来到嘉陵厂探寻情况。负责采购的同志一看是发动机，再一听尹明善是本地人，马上来了兴趣，因为他长年要跑河南进货，早已不耐烦了，恨不得本地人送货上门。于是，负责人很快提了发动机去检验科，回来后一锤定音：发动机检验合格，如有货可尽快送来，价格是每台1998元。

尹明善听后十分高兴，因为他在建设厂维修部买的那一包零件价格总计是1400元。这样一算，每组装一台发动机可赚598元！那么如果是自己生产零部件，更是大赚特赚！

回到厂里，尹明善很快向作坊师傅公布了自己的计划，但师傅的话一下子让他的热情落到了几近冰点。师傅告诉他，目前厂里的设备无法生产发动机零部件，而要生产的话，要引进新设备，新设备一台就要七八百万元。这也是为何众多手工作坊不生产发动机零部件的重要原因。

但尹明善没有被这个空前的困难吓倒，他在看似一片黑暗的路途中却有了一个绝佳的创意。他召开了股东大会，在会上宣布了这个创意：去建设厂维修部购买发动机零部件，由本厂组装起来，然后卖给嘉陵厂。为保险起见，他还要求九位股东每天换人、分批分次去购买，以免对方察觉后封锁出售。同时立即寻找市内可以加工这些零件的厂，向他们下订货单，作为建设厂维修部购买资源的补充。

股东大会之后，尹明善的厂子走进了有史以来最为红火的发展状态。

股东们每天飞跑着去订货，工人们加班加点组装。

这真是一个奇闻：从尹明善的厂子到建设厂再到嘉陵厂，距离不过短短的六公里。然而，就在这六公里的土地上，奇迹在发生着。一台台发动机零部件送到了手工作坊，经由手工作坊组装后送到嘉陵厂，每一台就是598元的利润。

依靠这个创意，短短一年内，尹明善就赚来了500多万元纯利润，为之后厂子成功转型打下了坚实的基础。

这个故事让我们感触颇深。当初尹明善看到别人办摩托车零部件加工作坊，觉得这是非常简单的事，自己也可以干。可是当自己真正去干时，才发现干的人太多，竞争太激烈，没有利润。正是因为没有利润，才促使他去寻找转机。

在一般人看来，生产发动机是非常困难的事，需要先进的设备和大量的资金，所以没人生产。这正好留下了一片市场空白，而有空白的地方就有大的利润。当尹明善决定生产发动机时，他遇到了最大的难题：如果自己生产的话就要更新设备，而更新设备就需要巨大投入，而自己最缺少的就是资金。这个困难仿佛泰山压顶，可谓致命一击。但尹明善解决困难的创意却非常简单，简单到别人都觉得不可思议。这就是借助别人的力量，把建设部维修部的发动机零部件买回来自己组装，然后送到嘉陵厂去卖。就是这样一个小小的看似没有技术含量的组装，却给他带来高额利润。这个故事充分说明：问题就是机遇，困难造就创意。

从尹明善的故事里，我们看到了一种四两拨千斤的艺术。

善于变通，不死板

死板这个词，相信大家都不陌生。那么想知道自己是否是一个死板不懂变通的人呢？下面一起来测测看吧！

选择一个安静的环境，在心中默念默想自己是个死板的人吗？然后从下面四张牌中选出和你最来电最有感觉的一张，不可刻意选择或摇摆不定。选完后下翻查看答案。

心灵分析：

选择1死板程度：25%

分析：你并不是一个死板的人，甚至可说你是个挺聪明喜欢动脑筋的人。你做事从来都不是一成不变的，你喜欢一些变化多端、各种花样的事，可以说“死板”二字和你绝对无缘。

选择2死板程度：75%

分析：从某种角度来讲你是个死板的人，你兢兢业业地工作、一丝不苟地学习。在做很多事时都会讲究踏踏实实，即使遇到一些可以变通的事可能也依旧会中规中矩，虽然你也有小聪明的时候，但这样的情况对你来说并不多。

选择3死板程度：100%

分析：你是个很死板的人，或者说你是一个不愿意改变，不愿意接受太多的人。很多时候即使外界改变了，你也依旧保守着内心的一片空地死死不放，不愿意接受新的，可能也很难把自己的真实展现给别人。

选择4死板程度：50%

分析：要说起来你并不是个死板的人，但也并不是很会变通。在面对事情时你更多以如何解决为主，用实际来形容你可能更为适合。你不会墨守成规只要是能解决问题的你都会接受，但你也不会刻意的变化，更多是踏踏实实地做事而已。

心灵指导

当我们遇到障碍，经过努力仍然没有进展的时候，就要想想是不是可以从其他角度来解决这一问题。换个角度去思考问题，往往能将你带到一个柳暗花明的新境界。

生活不是一个一帆风顺的过程，在面对种种难题时，不能只是盲目地执着，也不能只从问题的直观角度去思考，要不断挖掘自己的潜力，从不同的角度寻找解决问题的办法，这样往往就会使问题出现新的转机。下面的这个故事就阐释了这个道理。

安易末是一家大公司的高级主管，他面临一个两难的境地。一方面，他非常喜欢自己的工作，也很喜欢工作带来的丰厚薪水——他的位置使他的薪水只增不减。但是，另一方面，他非常讨厌他的上司，经过多年的忍受，他发觉自己已经到了忍无可忍的地步了。在经过慎重思考之后，他决定去猎头公司重新谋求一个别的公司高级主管的职位。猎头公司告诉他，以他的条件，再找一个类似的职位并不费劲。

回到家中之后，他把这一切告诉了他的妻子。他的妻子是一位教师，那天刚刚教学生如何重新界定问题。把正在面对的问题完全颠倒过来看——不仅要跟你以往看这问题的角度不同，也要和其他人看这问题的角度不同。她把上课的内容讲给了丈夫听，安易末听了妻子的话后，一个大胆的主意在他脑中形成了。

第二天，他又来到猎头公司，这次他是请猎头公司替他的上司找工作。不久，安易末的上司接到了猎头公司打来的电话，请他去别的公司高就。尽管他完全不知道这是他的下属和猎头公司共同努力的结果，但正好这位上司对于自己现在的工作也厌倦了，所以没有考虑多久，他就接受了这份新工作。这件事最奇妙的地方，就在于上司接受了新的工作，结果他目前的位置就空出来了。安易末申请了这个位置，于是他就坐上了以前他上司的位置。

在这个故事中，安易末本意是想替自己找份新工作，以躲开令自己讨厌的上司。但他的妻子让他懂得了如何从不同的角度考虑问题，结果，他不仅仍然干着自己喜欢的工作，而且摆脱了令自己无法忍受的上司，还得到了意外的升迁。

类似的故事还有一则：

人们听说有位大师花费几十年来练就了移山大法，于是有人找到这位大师，央求他当众表演一下。大师在一座山的对面坐了一会儿，就起身跑到山的另一面，然后说表演完了。众人大惑不解。大师微微一笑，说道："事实上，这世上根本就没有什么移山大法，唯一能够移动山的方法就是：山不过来，我就过去。"

有时候，人只要稍微改变一下思路，人生的前景、工作的效率就会大为改观。作为有理想、有抱负的现代人，我们应努力培养自己突破创新的能力。这就需要我们在平常的工作生活中，不断搜集各种信息，对于身边发生的一切事情，都必须从不同的角度去思考，并努力发掘一切机会，这样才有可能在自己的工作和事业上开创出一片新的局面。从另一个角度思考问题，往往还可以得到意想不到的结果。

有一天，动物园管理员们发现斑马从笼子里跑出来了，于是开会讨论，一致认为是笼子的高度过低。所以它们决定将笼子的高度由原来的十米加高到二十米。结果第二天他们发现斑马还能跑到外面来，所以他们又决定再将高度加高到三十米。

没想到隔天居然又看到斑马全跑到外面，于是管理员们大为紧张，决定一不做二不休，将笼子的高度加高到一百米。一天，长颈鹿和几只斑马在闲聊，“你们看，这些人会不会再继续加高你们的笼子？”长颈鹿问。“很难说，”斑马说，“如果他们再继续忘记关门的话！”

其实很多人都是这样，只知道有问题，却不能抓住问题的核心和根基。从另一个角度思考问题，说不定困扰很久的事情就会迎刃而解。

俗话说：“穷则变，变则通。”当某条路走不通时，不要再一味“坚持”，而要变换思路，换个角度去思考。这个世界上，没有什么东西是永远静止不前的，我们的思维要学会创新，才能跟上时代的步伐。

变通是天地间最大的智慧，是才能中的才能，智慧中的智慧。人生不必有那样多的执着，既然前面的路行不通，那就走路边的小径吧！不过，变通时也要注意：

1. 学会变通要审时度势、打破常规

一是要有一个良好的心态，即静与空。

二是学会换位思考。

三是要打破常规。

2. 学会变通要借助外力为我所用

借助别人的力量，自己就可以变得强大起来 。

3. 要有勇气应对变化

勇气是人的一种非凡力量，它虽然不能具体地去处理某一个问题，克服某一种困难，但这种精神和心态却能唤醒你心中的潜能，帮助你应对一切变化和困难。

4. 要有信心开发潜能

人的天性里有一种倾向：如果将自己想象成什么样子，就真会成为什么样子。

5. 学会执着，懂得变通

有一种美丽叫执着，有一种绚烂叫变通。执着是永恒的，变通是暂时的。执着是原则的，变通是方法的。变通是为了最后的执着。

共赢思维：当代的新思维模式

你有共赢思维吗？你懂得合作吗？测试一下吧！

你对于什么样的脏乱最不能忍受？

A. 垃圾乱丢，随处可见烟蒂、槟榔渣

B. 机车、汽车乱停，造成行走不便

C. 商家将杂物堆放在楼道，不甚雅观

D. 各式招牌挺立，令人眼花瞭乱

心灵分析：

选A：你不是很喜欢团体行动，觉得行动会有点受到拘束，无法率性而行，缺乏双赢思维。

选B：你是个还算合群的人，觉得只要是一伙人在一起，做任何事情都会很开心。

选C：你会尽量找到与人交往的平衡点，不亲不疏，恰到好处。保持你认定的安全距离，这样就可以在很舒适的范围内，与其他人相处得很好。

选D：你的个性温顺，与人相处也相当随和。和人群在一起，会让你很有安全感。所以你平日喜欢找朋友结伴出游，有很强的共赢意识。

心灵指导

共赢思维是双赢思维的扩展，它要求在处理双边和多边关系、系统与外部环境之间的关系时，通过团队的力量，共同“把蛋糕做大”，在不损害第三方利益、不以牺牲环境为代价的前提下，各方均取得自由竞争是更好的结果。

一只手，提个篮；两只手，端个盘；十只手，推动船；百只手，把河拦；千只手，推倒山。从古到今，智慧的人类早已意识到了团结共进的重要性。

从前有个老人生养了三个儿子，但这三个儿子是非常不团结的，平时都是各忙各的，即使他人有困难了，剩下的两个人也不会去帮忙。这种状况一直持续到老人病重。看到三个儿子是这种情况，所以非常担心之后他们的发展。所以，在老人病危的时候，开始为这件事情担心起来。在他看来，如果他们继续这样下去，早晚会酿成大错。所以他决定一定在死之前让他们懂得团结是非常必要的，也是非常重要的。

在老人病重地躺在床上的时候，他吩咐三个儿子都去捡55根树枝。当时，他们都非常纳闷，父亲要树枝干什么呢？但还是按照老人的愿望去做了，因为父亲的时间不多了。

在他们捡回树枝之后，老人就让他们每个人折一下树枝，首先折一根树枝。其实，这根本就难不倒他们。他们都把一根树枝折断了。然后老人让他们每人同时折两根树枝，此时他们就感觉有点吃力了，但还是在自己的努力之下折断了。但当他们同时折三根树枝的时候，任凭他们如何，都无法折断。看到这种情况，老人说："这对你们三个人来说也是有道理的。一个人的力量毕竟有限，只有你们三个联合起来才能立于不败之地。"此时，他们已经懂得父亲的意思，所以在父亲去世之后，他们齐心协力，最终成就了一番事业。

现实生活中何尝不是如此呢？俗话说得好："一人进山难打虎，众人下海可擒龙。"只要团结，没有什么能难倒我们！

在牛顿的时代，单枪匹马也能创造出令人叹为观止的奇迹。但是在信息爆炸的今天，无论做什么事情，只有大家相互团结，才能取得成就，否则很可能将时间浪费在做重复工作上面。因此，有专家指出，我们自身实力尚弱，所以更需要科学家群体的协同攻关，团结才有力量、才有希望。

一朵鲜花，即使再小也需要雨水的滋润、肥料的给予、阳光的馈赠及绿叶的衬托，才显得美丽诱人。一个人若想有所发展，他就离不开众人对他的帮助与支持，离不开团队的力量。在这个大千世界里上演的一段又一段故事，无不说明团结的力量是无法估量的。而如果有人一意孤行，独自断然行事，最后吃亏的肯定是自己。

相信大家都学过历史，知道秦国之所以能够灭掉六国，就是因为那国不团结。因此，在《六国论》，苏洵以“灭六国者六国也，而非秦也”来总结了六国灭亡的原因。当时，面对秦国的侵略，如果六国能够团结起来，相信历史就会改写。然而事实上并非如此，六国为了一己之利，只是顾着自己，对其他国家不管不问，最终被秦国所利用。

一堆沙子是松散的，可是它和水泥、石子、水混合后，会比花岗岩还坚韧。团结是一种思想、一种精神，它源于信任、源于共同的目标，这种精神所产生出来的力量是无穷的。

一个人像一块砖，砌在大礼堂的墙里，是谁也动不得的；但是如果在街上挡路，就会被人一脚踢开。人在社会中生存，就像是一块砖，如果他学会了与人互相协作，相互团结，便成了一堵坚不可摧的高墙；反之他便是一粒不起眼的沙子。

岳飞善于用少数兵力击败多数的敌人，一有军事行动，就把所有的统帅召集在一起商量谋略，所以总是打胜仗。连敌人都不得不称赞道：“撼山易，撼岳家军难！”可见，不论是治国平天下，还是带兵打仗，抑或是今天自己创业，又或者是一件细小的事情，都离不开团结。

雷锋曾说过：“一朵鲜花打扮不出美丽的春天，一个人先进总是单枪匹马，众人先进才能移山填海。”泰戈尔也曾说过：“人类的历史是要靠世界上一切种族团结起来的力量来创造的。”

小成功靠个人，大成功靠团队。一个企业的团队能否取得良好的业绩，关键在于这个团队能否突破世俗的人才经营桎梏，将大家的心凝聚在一起，齐心协力，一同向前。因此，我们应该学会团结共进，这样就可以实现优势互补，实现共赢。

练习自己的发散思维

本测验测试你的发散思维能力，共有8题，每道题都有一定的时间限制，请在规定时间内尽快地完成每道题。

1. 请你写出所能想到的带有“土”结构的字，写得越多越好。（时间：5分钟）

2. 请列举砖头的各种可能用途。（时间：5分钟）

3. 请举出包含“三角形”的各种物品，写得越多越好。（时间：10分钟）

4. 尽可能想象“△”和什么东西相似或相近？（时间：10分钟）

5. 把下列物件按照性质尽可能分类：鸭、菠菜、石、人、木、菜油、铁。（时间：5分钟）

6. 请说出一只猫与一只冰箱相似的地方，说得越多越好。（时间：5分钟）

7. 给你两个圆（OO）、两条直线（||）和两个三角形

（△△）请组成各种有意义的图案。（时间：15分钟）

8. 请你根据以下故事情节，用简洁的语言（不超过100字）写出故事各种可能的结尾，写得越多越好。（时间：40分钟）

古时候，有兄弟三人。大哥、二哥好吃懒做，三弟勤劳聪明。三人长大后都成了家。有一天，三兄弟在一起喝酒，大哥、二哥提议："从现在起，我们三人说话，互相不准怀疑，否则罚米一斗。"酒后，大哥说："你们总说我好吃懒做，现在家里那只母鸡一报晓，我就起床了……"三弟直摇头说："哪有母鸡报晓之理？"大哥嘿嘿一笑说："好！你不信我的话，罚米一斗。"二哥接下去说："我没有大哥这么勤快，因此家里穷得老鼠撵得猫吱吱叫……"三弟又连连摇头，二哥得意地说："你不信，也罚米一斗。"后来……

心灵分析：

第1～4题，每一个答案计1分；第5题，每一个答案计2分；第6～7题，每一个答案计3分；第8题，每一个答案计5分。然后统计总分。

100分以上：发散思维的流畅性很好。

81～100分：发散思维的流畅性较好。

61～80分：发散思维的流畅性中等。

41～60分：发散思维的流畅性较差。

40分以下：发散思维的流畅性很差。

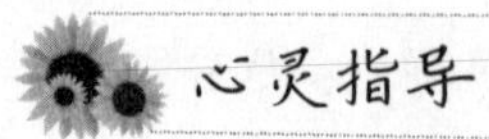

发散性思维即变换不同视角，从一个点发散开去，向多方面进

行充分的联系和思考，突破已知领域，探索未知的境界，以寻求更合理、更科学，也更富有创造性的解决问题的方法。

有一天，爱因斯坦在和儿子谈话时，儿子突然问道："爸爸，你是不是最聪明的人？"

爱因斯坦问儿子："为什么这么说呢？"

儿子回答道："老师说你是世界上最伟大的科学家，因为只有你发现了相对论。"

爱因斯坦笑着说："一只甲壳虫在一个球上爬行时永远也不会知道自己正在一个球体上爬行，因为它的视觉是扁平的。而如果是一只蜜蜂，它一眼就能看出自己正停留在一个有限的球体上，因为它的视觉是立体的。而我比别人聪明，就是因为我有蜜蜂的视觉。记住，儿子，没有事情是孤立而扁平的。"

爱因斯坦所描述的正是发散思维的特点。美国学者托尼·巴赞认为发散思维的内涵主要有两点：一是指来自或者连接到一个中心点的联想过程；二是指"思想的爆发"。由此可见，发散思维实际上是一个发现事物间联系并主动利用这种联系的活动，是开放的、流动的和不断发展的。

一个思想呆滞的人不可能在某个领域做出太大的成就，科学家的新发明、商人的新点子、艺术家的新创造大部分是通过发散性思考获得的。发散性思考要求我们思考问题的时候从一个问题出发探求多种不同的答案。美国著名的心理学家吉尔福特在研究创新思维的过程中，指出与创造力最相关的思维方法就是发散思维。吉尔福特认为，经由发散性思维表现于外的行为即代表个人的创造力。也就是说，你的思维越灵活，说明你的创造力越强。

发散思维作为一种创造性思维，可用以下方法练习：

方法一：图形发散

这种视觉图形的发散能力在广告设计、产品设计上是大有用武之地的。

古代中国创造出各种涡旋，它是永恒生命力的象征。鸟被认为是太阳的使者，以鸟为主题的涡旋鼓翼生风、栩栩如生。两条鱼追逐的形态作为多产的象征描绘在古代的陶器上。至于太极图，则是一种文化的凝聚。

恰似照应这种涡旋，在日本“巴”形涡旋应运而生。“巴纹”被设计成多姿多彩的徽章。巴纹简洁的涡旋重叠起伏，融会万物，如生命降临人间。

让我们来设计一些双涡旋，既可作为用具上的装饰，又可作为园林设计的图案。正如图例所显示的，仅是巴纹简洁的双涡旋形态就可以千变万化，更何况我们还可以借鉴世间万物的形态。

让我们的设计打着涡旋，绞入天地自然令人目眩的万千现象，卷入草木虫鱼的形态以及工具、文字等。我们要调动我们的情绪，激活我们的想象力，想法越多越好、越独特越好、画面越生动、越抽象、越精致越好。

日本双涡旋巴纹图

方法二：词语发散

词语发散是发散思维训练的基本方法。可以有名词发散、动词发散、反义词发散、标题发散、情节发散等多种训练。

词语发散在写作和广告语的设计中被经常使用。

请看下面这些保险公司的经典广告词：

世事难料，安泰比较好——安泰保险

聆听所至，真诚所在——信诚保险

财务稳健，信守一生——美国友邦

人生无价，泰康有情——泰康人寿

平时注入一滴水，难时拥有太平洋——太平洋保险

天地间，安为贵——天安保险

中国平安，平安中国——平安保险

盛世中国，四海太平——太平人寿

这些保险公司的名字和他们的广告词，无不是从安全、保障和诚信这几个词扩展出来的。类似的例子很多，可以说词语的发散在生活中处处都有。

优秀的作家和诗人都是词语发散的大家，他们常能在许多意义相近的词语中，选择最贴切的一个。

词语发散不仅在写作以及设计广告词的时候有用，在发明中也同样用得着。

让我们先玩个游戏：在10分钟内尽可能多地写出与开有关的动词。

拉开、打开、锉开、捅开、撬开、翻开、弹开、拨开、割开、

揉开、冲开、碰开、砸开、推开、射开、点开、踩开、踏开、捏开、摆开、劈开、拧开、敲开、吹开、喊开、挣开、撕开、拿开、拦开……

动词发散训练对于科学技术工作者和有志于发明创造的人，特别有益。因为这些人所要解决的问题，常常涉及动作，如过去罐头只能撬开，很费劲。我们就可以用上面开的动词发散方法，找出一些简便易行的新方法，像拉开、翻开、捏开、点开、碰开等，这些词语可以启发我们发明实现不同动作的工具。通过刚才的游戏，我们可能会产生新的创意。

培养自己的反思能力

反思能力是一个人持续发展所必备的素质之一，只有学会反思，一个人才能不断矫正错误，不断探索和走向新的境界。你在喜欢的异性面前，做了一件很丢脸的事情，此时，你是什么感觉？

A. 羞愧难当，一头撞死算了

B. 不管喜欢异性投来的异样目标，大胆为刚才的事情向他 / 她道歉

C. 找个机会，悄悄离开

D. 无所谓

心灵分析：

选A：你具有很强的反思能力，但你的自尊心也太强了。你是一个很任性的人，做错了事情，就会全盘否定自己，这种能力会影响自己的性格，使自己变得内向而神经质。

选B：你认为“人非圣贤，孰能无过”，无论失败或成功都不足以改变人生的方向，是个大胆而性格专一的人。

选C：这种人感情脆弱，想到对方不知会怎样批评自己的错误，就觉得似乎世界末日降临，只想逃避，是个消极、懦弱的人。

选D：这种人个性倔强，对朋友很重感情是个会反思自我、约束自我的人，在责任感和热情的驱使下，常会做出一些轻举妄动的事。

心灵指导

有一个有关反思的故事，它来自职场。

有一个人去应聘一份工作，第一次考试，他便以99分的好成绩排在第一，而排在他之下的是一个女孩。

在第二次考试中，考试试卷一发下来，这个人就感到很纳闷，第二次的试题和第一次的试题是一模一样的，开始他认为是发错了试卷。但监考员一再强调，试卷没有发错。既然试卷没有发错，这个人也懒得去想，自信地把笔一挥，还不到考试规定时间的一半，试卷便填满了。等他把试卷一交，其他应聘的考生也陆陆续续地把试卷交了上去，人人脸上都春风得意，显然，个个都认为自己胜券在握。第二次的考分一出来，这个人以99分不动摇的成绩排在第一，而那位交卷最晚成绩排在第二的女孩，正是之前排在他之下的女孩。

第三天准时进行第三次考试，可令人想不到的一幕发生了，这次的试卷和前两次完全一样！

“安静，安静！大家听我说，这次考题和前两次一样，都是公司的安排。公司怎样安排，我们就怎样执行，如有谁觉得这种考核办法不合理，你可以放下试卷，我们随时放你出考场。”

监考人员把桌子拍得“啪啪”响。

众人一看招聘人员发怒了，只好老老实实低下头去答卷。

这次考试更省事，绝大部分考生，根本用不着看考题，“唰唰唰”就直接把前两次的答案给搬了上去，不到半个钟头，整个考场都空了。只有那个一直排在第二的女孩仍托腮拍脑、绞尽脑汁冥思苦想。时而修改，时而补充，直到铃响才把答卷交了上去。

第三次考分出来，那个人长长地舒了一口气，他依旧保持了第一名的位置，唯一不同的是这次他没有独占鳌头，那个一直考第二名的女孩以相同的成绩和他并列第一，但那个人一点也不担心被她挤下来。

第四天录用榜一公布，他傻了眼：上面只有那一个在他后面女孩的名字，他落选了。他当时就找到总经理办公室，理直气壮地质问他：“我三次都考了99分，为什么不录用我而录用了前两次考分都低于我的考生呢？你们这种考核公平吗？”他显得异常激动。

总经理笑呵呵地凝视着他，说道：“先生，我们的确很欣赏你的考分。但我们公司并没有向外许诺，谁考了高分就录用谁。考分的高低对我们来说只是录用职员的一个依据，但并非最终结果。

不错，你次次都考了高分，可惜你每次的答案都一模一样，一成未变。如果我们公司也像你答题一样，总用一种思维模式去经营，能摆脱被淘汰的命运吗？我们需要的职员不单单要有才华，他更应该懂得反思，善于反思善于发现错漏的人才能有进步，职员有进步公司才能有发展。我们公司之所以分三次用同一张试卷对你们进行考核，不仅仅是考你们的知识，也是在考你们的反思能力。这次你未能被录用，我实在抱歉。”他哑口无言，羞愧难当地退出了总经理的办公室。

这就是反思能力发挥的作用，当一些事情出现得莫名其妙时，难道我们不应该反思一下吗？毕竟这世上没有莫名其妙的爱，更没有莫名其妙的恨，一切都是有它存在的理由的。

现实中，如何培养自己的反思能力呢？下面介绍几种方法：

方法一：要增强反思意识，形成反思习惯。只有正确的认识，才能在情感上真正接受反思思想，从而激发起反思的内在动力，进而产生具体的反思行为。个体的反思来自于自我意识的觉醒，而自我意识的觉醒产生于对实践的迷茫和困惑，只有以自己实践中所出现的问题为前提，反思才有力量和效果。因此，正确的反思认识、强烈的反思意识、反思习惯的形成是反思能力培养的前提和基础。

方法二：自我剖析既是对自己进行批判性反思的过程，也是自我提高的过程。经过不断自我剖析、自我诊断、自我调整，不断改进自己的工作并形成理性认识，最终得以自我提高，这种不间断的自我剖析活动，就是自我发展、自我实现的过程，随着这种活动的不断成功，人的自信感和自尊感也就随之加强。

方法三：要通过对照反思，及时发现自己的问题，要善于吸纳他人的成功之处，并有效地融入自己的经验中，同时要虚心听取朋友对自己的反馈意见。

第九章

安神药膳：补脑益智的“药膳秘方”

大脑与心灵是相互统一、缺一不可的。补养心灵的同时，也要给自己的大脑做个“补养”。

下面为你盘点6大补脑安神的“药膳秘方”。为你补充日常生活、工作、读书所消耗的脑力。

秘方一：增强智力指数

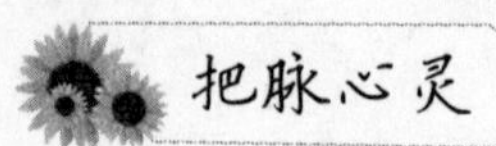

智商其实不是一个单独的能力代名词，它是很多能力的总结和统称，那么，我们就从多方面能力测试入手，来一场智商大测量吧！

1. 很多人要过一座独木桥，你前面的人全部返回来，大家都说过不去，你会：

A. 直接返回

B. 过去看看详细情况

C. 想别的办法

2. 某件事情你觉得自己做得很好了，可是领导认为你错了，你会：

A. 争执并且坚持自己的观点

B. 问清楚为什么

C. 承认自己错了

3. 某天有人请你挖一口井，你会把井口挖成什么形状？

A. 圆形

B. 方形

C. 花朵的形状

4. 有人在讲一个故事，还没到结尾，但是你要赶车，这时你会：

A. 把故事听完赶下一班车

B. 赶车，然后猜结尾

C. 把讲故事的人带上车

5. 你要出差去一个从来没有去过的地方，你会带上什么？

A. 地图

B. 手机

C. 钱

6. 你去海边拍了一张很美的照片，你会：

A. 收藏起来

B. 发送给朋友

C. 编号存放

7. 某天下午，你要做三件事情：买水果，收快递，洗澡，你会怎么安排？

A. 买水果，收快递，洗澡

B. 收快递的时候顺便买水果，回来洗澡

C. 洗澡，让快递员代买水果。

8. 酒会上遇到心仪的人，你会：

A. 傻傻地远观

B. 套近乎并索要电话号码

C. 拿一份酒会留有详细信息的通联单

9. 在街上你突然想起要打一个重要电话，但你的手机没电了，你会：

A. 回家充电

B. 找公用电话

C. 去手机专卖店试用电话

10. 某天你乘电梯的时候遇到了一个女巫，你最想管她要一样什么东西？

A. 魔法盒

B. 财宝

C. 她的照片

心灵分析：

选A计1分，选B计2分，选C计3分。

10～15分：你智商平平，喜欢循规蹈矩，欠缺创新思维以及钻研精神。

16～20分：你智商中等，喜欢突发奇想，但往往欠缺对后果的考虑。

21～30分：你智商很高，是一个综合能力很强的人，继续努力会更加出类拔萃。

心灵指导

智商是智力商数的简称，是通过一系列标准测试测量人在其年龄段的智力发展水平。

自从我们能吃饱饭之后，很多人就开始关注智商这个话题，《辞海》中对智商的解释是：心理学智力测验术语，即智力商数。智力测验者用以标示智力发展水平，它是依下列公式求得的，智力年龄÷实际年龄×100=智力商数。如果某儿童智龄和实龄相等，依公式计算智商测验等于100，即标示其智力相当于中等儿童的发展水平。智商测验者将智商在120以上的称作“聪明”，在80以下称作“愚蠢”。

这个解释只告诉我们智商的来源，以及智商的大概测评标准，却没有告诉我们最重要的一句话，那就是，智商其实也是可以不断提高的。

生活中，总是有人在指责另外一些人：“你怎么这么笨！智商这么低！这么简单的事情被你做成这样！”

听的人可能已经习惯了，当然，说的人似乎也习惯了，但是他们忽略了一个问题，那便是，一件事情的进行方式与这种方式所导致的结果，是受很多因素影响的，不仅仅只是因为操作者的智商低下。

也因此，受过如是打击的人要振作起来，很多时候不是因为我们智商低，只是我们用错了方式，而这种错是由很多原因导致的，智商或者只占很少的比例，甚至于一丁点儿的比例都不占。所以，不要对智商持太过严肃的态度，更不要因为受过某些打击，便在潜意识里认定自己是一个低智商者。

智商作为一个新兴的词语，它其实包括很多个能力层面，譬如观察力、记忆力、想象力、分析判断能力、思维能力、应变能力等。这些能力的差异自然会影响到智商水平，但至少我们可以肯定的，每一个人都是有智商的，只不过存在高低之分罢了，而智商的高低在个人努力下也是可以改变提升的。

很多人固执地认为智商是受先天很多方面影响而成的，与后天的修炼没有任何关系，简单说也就是一个人的智商高低是天生的，这种认识是极为不科学的。英国科学家研究表明，勤做健脑运动不仅可以提高智商，而且效果好的话可以在一周内提高40%的智商。这个结果是通过科学家反复研究证明的，这也从另一个侧面告诉我们，只要勤于练习，智力和其他技能一样，是完全有可能不断提高的。

方法一：保证睡眠，提高你的记忆力。培根说过，一切知识，只不过是记忆。而远古人类也把记忆看成是智商之母。拥有充足的睡眠、保持清醒和睡眠的自然周期才是最可靠的能长久促进记忆力的好办法。

方法二：多读书，勤于学习。所谓读书破万卷，下笔如有神。充分的知识储备可以提高一个人的自身素质修养，也有利于智商的促进和刺激。

方法三：多提问。不知者不为耻，对于自己不了解不知道的事情，不妨多问，多请教，这是一种积累知识较为快捷的途径，但需要注意的是对于任何问题的答案都要分析对待，多提问并不意味着你要全盘接收。

方法四：多思考。遇事三思而后行，对于一知半解的事物多动脑，这有助于改变你一成不变的思维模式，专家称思维是智力的核心。多思考不仅有助于你对事物建立更通透更全面的认识，也有助于激发你多重思维的能力，这对于提高智商可谓一箭三雕的好办法。

方法五：尽可能多进行一些有氧运动。在空气新鲜，氧气充足的条件下可以选择譬如跑步、打球之类简单易行的锻炼方式，这样不但可以促进血液循环，强身健体，而且更有助于促进脑部细胞新陈代谢，使人保持最为清晰的思维状态。

方法六：业余时间可以参加一些譬如围棋、跳棋、五子棋或者象棋之类的益智活动。

方法七：经常玩填字游戏、记菜单、换个手刷牙、闭上眼睛洗澡等健脑运动可以大大提高人们的智商。

秘方二：培养创新能力

具备创新能力，在这个社会上非常重要，你有这方面的能力吗？测试一下吧！

下面有10个题目，请依据自己的情况回答“是”或“否”。

1. 你在接到任务时，是否会问一大堆关于如何完成任务的问题？

2. 你在完成任务的过程中，是否不善于思考，而习惯于找他人帮忙，或者不断问别人有关完成任务的问题？

3. 在任务完成得不好时，你是否会找出一大堆理由来证明任务太难？

4. 对待多数人认为很难的任务，你是否有勇气和信心主动承担？

5. 当别人说不可能时，你是否就放弃了？

6. 你完成任务的方法是否与他人不一样？

7. 在你完成任务时，领导针对任务问一些相关的信息，你是否总能回答上来？

8. 你是否能够立即行动，并且工作质量总能让领导满意？

9. 工作完成得好与不好，你是否很在意？

10. 对于做好了的工作，你能否很有条理地分析成功的原因和仍存在的不足？

心灵分析：

回答“是”计1分，回答“否”计0分，计算总分。

0～4分：不具备创新力。

5～6分：创新力不尽如人意。

7～9分：创新力还过得去。

10分：创新力很棒。

心灵指导

创新是人之所以为人的标志，一切神智健全的人都毫不例外地存在着创新潜能，关键就看你是否善于挖掘了。要让我们的创新潜能发挥出来，可以试试以下方法：

1. 整体思考创新法

整体思考法，又叫全面思考法，是在各种情况下，考虑所有因素的一种思维方法。当你要做一件事、想一个办法，或做一个决定之前，运用整体思考法，能帮你有效地扩展视野，并使你对你的想法所面临的情况进行全面的分析。否则就很容易做错事。

整体思考法是一种重要的动脑方法。在运用它的时候，必然要注意两点：

第一，想问题的时候必须要从整体出发，从全面出发，不能仅从局部出发、片面出发。

第二，当整体利益和局部利益发生矛盾时，要坚持整体利益，放弃或者牺牲局部利益。

以上两点对动脑十分重要。如果不注意的话，就会吃尽苦头、屡遭失败。

2. 综合归纳创新法

所谓综合归纳法，就是在头脑中把客观事物的各个方面综合起来并加以归纳整理的一种思考方法。

综合归纳法也是一种常用的而且有效的动脑方法。那么，在使用这一方法时要注意哪些问题呢?

第一，要尽量多地去积累材料，这样得出的结论才真实可靠。

第二，要避免主观片面性。如果主观片面地看问题，那么就不可能全面地搜集材料，也不可能得出正确的结论。

实际生活中，有些人不善于运用综合归纳法来动脑，除了未能尽可能多地积累材料、了解情况外，还跟他们不能把这些材料、情况加以综合概括、归纳整理有关，他们发现不了事物间的联系。

3. 利用感官创新法

创新的思路可以从事物的许多方面切入，其中一个重要的思路就是，从五种感觉入手，改变一个事物。因此，从视觉、听觉、嗅觉、味觉、触觉方面加以改变事物，进行发明的方法，叫感官利用法；而巧妙地运用其他感官的功能去弥补某一感官的不足进行发明的方法叫感官补偿法。

我们通过视觉、听觉、嗅觉、味觉、触觉，产生对一个事物形状、颜色、声音、气味、味道、重量、质感等方面的认识。好比一个苹果，它圆圆的形状，红红绿绿的颜色，清香的气味，酸甜的味道，100~200克重，表面光滑如蜡，这些都可以叫作组成苹果的要素。创造性转化方法是指通过对事物要素重组、变更或引入其他因素，使它产生新功能的方法。

人们感知事物需要用自己的感官。在创造性解决问题时，人们也可以充分利用自己的感官，从视觉、听觉、嗅觉、味觉和触觉等感觉的变化中，对原有的事物或产品进行改造，这就是感官利用法。

秘方三：增强大脑保存信息的能力

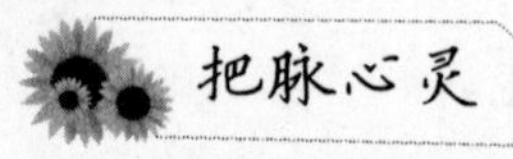

你对自己的记忆力很有自信？还是你在暗暗担心自己的记忆力正在衰退？不用犹豫，不用徘徊，测测你的记忆力究竟如何吧！

用“是”或“否”回答下列问题。

1. 你是否在干某件事的同时，能听到周围的人在谈论点什么？

2. 你的朋友和熟人是否经常捉弄你？

3. 你是否经常由于粗心大意而失算？

4. 当你穿过马路时是否仔细观察四周？

5. 你是否在马路上捡到过钥匙或钱之类的东西？

6. 你是否能回忆起两天前看过的电影的细节？

7. 当有人不让你继续读书报、看电视或做其他事情的时候，你是否生气？

8. 你在家里是否能很快找到需要的东西？

9. 在马路上突然有人喊叫，你是否会哆嗦一下？

10. 在商场购物，你是否在收款台旁就检查找回的零钱？

11. 你是否有过这样的事：把一人当成另一人？

12. 你是否因专心谈话而坐过了站？

13. 你是否能在大城市里，不靠别人帮助，找到仅去过一次的地方，例如：博物馆、剧院、办公楼或超市。

14. 你早晨是否很容易就醒过来？

15. 你是否能流畅地说出你亲人的生日？

心灵分析：

回答为“是”的是：1、2、4、5、6、8、10、13、14、15

回答为“否“的是：3、7、9、11、12

以上的题目答对一题计1分，如果得11分或更多分，说明你是个非常仔细的人。

心灵指导

记忆力是智力的一部分，它是大脑保存信息的能力。记忆是一门科学，更是一种技能，它应该成为一种人人必备的基本学习手段。

在这个知识爆炸的信息时代，铺天盖地的各种知识和信息常常让我们应接不暇。为了适应时代的发展和科学技术的进步，我们别无选择，只能不断地摄取新的知识。这就要求我们不断地挖掘自身的记忆潜能，增强我们的记忆能力。

在这里推荐一个理解记忆的方法。所谓理解，用古语来说，就是不仅要知其然，而且要知其所以然。从生理学角度来说，理解就是在已有的条件反射基础上，去建立新的条件反射，并将新旧条件反射组成系统。巴甫洛夫说过，利用已获得的条件反射就叫作理解。理解就是懂得客观事物的意义，实际上就是利用旧知识去获得新知识，并把新知识纳入已有知识的系统中。

只有理解了的知识，才能记得迅速、全面而牢固。不然，总是死记硬背，那真是出力不讨好。不要为自己的记忆力不好而灰心，应该反复检查自己是否真正理解了所要记忆的东西。理解一件事，在记忆的感觉上好像在走远路，事实上，它却是培养记忆力最快的捷径。

1. 如何实现理解记忆

要实现理解记忆，我们首先要了解如何实现理解这个过程，我们要知道分析与综合是理解的实质。

如何进行分析与综合呢？具体方法可以分为五步进行。

第一步：了解大意

当你记忆某个事物的时候，首先要弄清它的大致内容。拿读书来说，先要通读或者浏览一遍。如果是记忆音乐，先要完整地听一遍全曲。了解了全貌才能对局部进行深刻的理解，这也就是“综合”。

第二步：进行局部分析

对事物有了大致了解后，就要逐步深入分析。比如对一篇议论文，要弄清它的论点论据，根据结构分成若干段落，逐个找出主要意思，也就是要找出“信息点”，加以认真分析、思考，以达到能编制文章纲要的程度。

第三步：寻找重点和关键

也就是韩愈在他的《进学解》中所说的“提要钩玄”。意思是找到文章的要点、关键和难点，并弄明白，牢牢记住。只有在此基础上，才能理解和记住比较次要或者从属的内容。正是“万山磅礴，必有主峰。龙衮九章，但挈一领。”

第四步：融会贯通

就是将所理解和记住的各种局部内容，联系起来反复思考，全面理解，这样更有利于加深记忆。

第五步：在实践中运用

所学的东西，是否真正理解了，还要看在实践中能否运用。如果应用到实际工作中就“卡壳”，那就说明并未真正理解。真正的理解是有具体标准的。一是能够用语言和文字解释，一是会实际运用。在实际运用过程中，会继续深化理解。

2. 如何做到理解记忆

要做到更好地理解记忆，我们不妨从理解记忆的四个特征入手：

（1）与积极的思维活动相结合，通过分析、综合、比较、归类和系统化等思维活动，把握记忆材料的含义、范围和结构层次，掌握其本质与非本质特征以及事物间的联系。加强对事物意义的理解和整体结构的把握。

在记忆各种材料时，可以通过思维活动，从不同的角度和层次上去理解材料的意义，以增加多种联系和多角度思考，使记忆材料意义更加深刻全面，进而纳入认知结构系统，形成长时记忆。

（2）运用已有知识经验。

利用已有知识进行新旧知识的联系与对比，找出相同与相异之处，使新材料或融入已有知识体系，或丰富、扩展已有知识体系。学习新知识时，很好地联系已有知识，是理解记忆法的重要一环，个人已有知识经验越丰富，结构越正确，越有助于理解记忆力的提高。

（3）灵活运用各种记忆策略和方法。

针对记忆材料的不同性质、数量和范围大小，及不同学习情境和个人情况，分别采取恰当的策略和方法，能加深理解，增强记忆。

（4）复述程度也能表明理解水平，用自己的言语去解释或复述新知识，能增强理解，有助于记忆。

我们可以从理解记忆四个特征的情况，来衡量理解记忆的运用水平。如果这几个方面做得好，就可以全面、精确、牢固、迅速地提高记忆效果。

秘方四：激发大脑的想象力

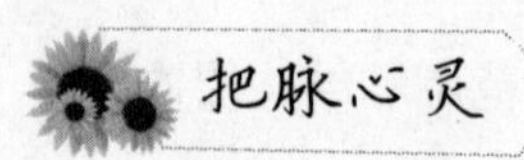

丰富自己的想象力可以为生活和工作增添不少的乐趣。来测测自己的想象力如何吧！

1. 你不得不撒一个毫无恶意的谎时：

A. 话讲得恰到好处

B. 编造得过于详细引起对方怀疑

C. 总是慌乱，不抱希望

2. 你来的时候，人们骤然不语，你认为：

A. 他们准是在谈论你

B. 他们是在给你打招呼

C. 这是谈话中的正常间断

3. 你对别人倒霉、失意经历的反应是：

A. 流泪

B. 同情

C. 厌烦

4. 你在影院看电影哭过吗？

A. 哭过

B. 已多年不哭了

C. 没哭过

5. 在讲述你自己的有趣经历时：

A. 总是夸大其词

B. 只修饰某些细节

C. 坦率地讲述自己的经历

6. 你空闲时：

A. 以思考为自娱

B. 会对有兴趣的问题进行考虑

C. 很快活地做某一件事

7. 你幻想吗？

A. 经常

B. 有时

C. 很少

8. 如果你晚上孤身一人回家：

A. 你感到害怕

B. 你有点怕，但又能消除

C. 你并不觉得害怕

9. 听关于鬼神的故事：

A. 会使你感到毛骨悚然

B. 会使你对超自然的事感兴趣

C. 会使你发笑

10. 看杂志时发现某地发生了灾情，你会：

A. 食欲受到影响

B. 想想给灾民做些什么

C. 迅速翻过不看

心灵分析：

选A计3分，选B计2分，选C计1分。

10～15分：表明你的想象力很弱。你好像一点也不能进入想象的境界，你的生活将因此变得呆板。或许你会很注重实际，讲究实惠，不喜欢幻想。

16～20分：表明你不太喜欢想象。但你具有一定的想象力，只要有可能，你总是尽力消除幻想。

21～25分：表明你具有想象力。你甚至可以站在别人的立场思考，这使你做事很有效果。想象给你带来的好处是显而易见的，但你的想象力还被你的见识和阅历所限制，你应努力扩大视野，向更高级想象迈进。

26～30分：表明你具有很强的想象力。但由于你的想象过于丰富，所以对周围的事物十分敏感，你可能具有较高的艺术天才。每当你设法利用自己的想象力时，你便产生一系列丰富的想象。

心灵指导

想象力可以帮你构建命运的蓝图，这种能力在被挖掘的同时你的潜力也在不知不觉中得到了开发。想象力是怎样做到挖掘潜能的呢？现在，你就可以来做一个实验：

假设你想获得一个管理职位，现在请这样想象：你坐在那个管理职位专属的办公室里的高级旋转坐椅上，就像你现在舒舒服服地坐在自己的沙发里一样，你抬起头，看到办公室的门上写着你的大名，然后有外在形象非常好的秘书走进来，双手递来一些文件，你接过文件，开始用自己的方式处理一些作为一个管理者要处理的事务。当然，你可以再添加一些你更喜欢的场景，如你的服装、办公室的装饰等，越详细越好，以便让这个场景深深地刻进你的意识里。之后，你的伺服机制就会为你找到实现这个愿望的途径。

其他的愿望，一份工作、一辆车子、一座房子、一家企业、一个幸福的家庭、考试高分、重点大学……也都可以靠这样的方法来实现，只要你愿意花时间先在大脑中把它一砖一瓦地建造起来，把每个细节都建好，让你的伺服机制看到并相信那是事实，它就会指导你如何在现实世界中将其建造出来。

莫扎特有“音乐神童”之称，他能在脑海中构思整首乐曲。他只要动手写第一个音符，就能一口气将整首乐曲写完。他知名的歌剧《魔笛》便是在一场演出前随手完成的作品。他曾自述：“我不是在写音乐，我只是把梦中出现的作品，如实地写出来而已！”“在我的梦中世界里，所听到的音乐并不是支离破碎的断章，而是我可以全部听完的完美乐章，这种感觉就像在天堂一样，不是任何言语所能形容的。”

类似这样的例子有很多：

1865年，德国化学家弗雷德里希·凯库勒被一种化合物的分子结构给难住了，百思不得其解。这个分子由6个碳原子和6个氢原子组成，如果按照传统的分子结构理论，让它们组成一个分子好像不太可能。一天晚上，他坐在炉子旁苦思冥想，由于劳累过度，就打起了瞌睡。在梦境中，凯库勒隐隐约约看见长长的碳链像一条条长蛇翩翩起舞，刹那间，有一条蛇咬住了自己的尾巴，在他面前轻蔑地旋转……他如同从电掣中惊醒。那晚他为这个假说的结果工作了整夜。就这样，他利用梦境思维发现了苯环结构。

我们应该清楚地知道：自发梦境的启示能够给人以惊奇的发现，是与平时的知识积累和不断的付出是紧密相连的。当我们对某一个问题的注意力和想象力非常凝聚时，就会自然形成一个思维中心。这个思维中心，如强大的磁场，对相关信息会产生巨大的“引力”作用，使意识——显意识和潜意识，尤其是潜意识在一段时间内，围绕“思维中心”运转，往往会获得创意的点子和智慧。

英国作家瓦特·司各特和美国浪漫主义作家、批评家爱伦·坡有不少书的情节就是在睡梦中获得的。英国作家史蒂文森的著名小说《金银岛》中的情节也来自梦中的构想。英国诗人柯勒律治有一次醒来后一首长诗一挥而就，这首长诗是他在睡梦中酝酿好的。

丰富的想象力往往能让潜能得以释放。人类的许多成就，最初并不是做出来的，而是想出来的。人们常说：“没有做不到的事，只有想不到的事。”所以，一定得培养丰富的想象力。那么，怎样才能让自己有丰富的想象力呢?

（1）重视每一次联想。如果开始联想，中途就不要打断，要一直想到极限。这种飞跃性和持续性的联想是个好方法。

（2）从设计地图、照片中想象实际的情况、现实中的地方和事物。

（3）采用跳读的方式来看书，跳过的地方，运用想象力来补充。

（4）边看推理小说，边推测结果。

（5）在和别人见面之前，事先预想好会出现的情况，并且设想问题。

（6）看看云朵的形状或墙壁上的污渍，然后在脑海中描绘出它的形象。

（7）看一场精彩的体育比赛之后，想象第二天报纸出现的标题，以及报道的内容。

（8）对于没有去过的地方，想象它四周的风景、建筑的样式以及室内的设计。

（9）在公共汽车内，看见某些宣传广告，便想象其中的内容，然后，与实际的现象做一番比较，这样可以充分发挥自己的想象力。

（10）以琐碎的小事和资料为素材，编织出一个新的故事。

（11）读一部优秀的历史小说或科幻小说，将自己沉浸在另一时空中，使人脱离了现代，陷入一种生活在过去或未来的错觉，这时候，过去、未来是变化无穷的，鲜明的形象会浮现在脑中。这种感觉，可以称为“时间器的感觉”。

（12）适度地玩玩电脑游戏。

（13）关注与接触不同行业的人、尖端领域的理论、想法和技术等。

秘方五：呵护大脑，预防神经衰弱

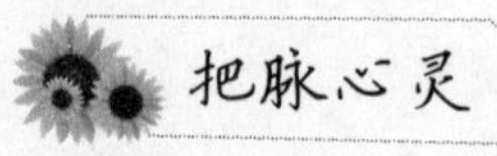

神经衰弱不但会导致身体不健康，还会影响到病人的生活习惯。那么，脑神经衰弱有什么症状呢？

1. 碰到一点点小事，就容易激动，容易兴奋。
2. 稍微做一点费力的工作，就感到疲倦不堪。
3. 走不了多远的路，就觉得很累。
4. 有时变得较为自私，只想着自己。
5. 整天忧虑重重、闷闷不乐，时时考虑自己的病。
6. 有时候怕声、怕光、怕冷、怕热。
7. 天气稍冷一点，就得添衣服。
8. 略为热一点，马上脱衣服。
9. 多了不行，穿少了也不行。
10. 有的对疼痛也很敏感，因而怕验血，怕打针。

心灵分析：

如果上述现象，你占了4项以上，有可能是脑神经衰弱的表现。

心灵指导

脑力是思维和创造性劳动的必需条件，如同体力劳动不能没有双手一样，脑力劳动离不开健康的大脑。可是，不少现代人常感脑力不足，有的得了神经衰弱病，心情焦躁不安。他们的处境是值得同情的。

从病因入手调节大脑的功能，是治疗神经衰弱的根本措施，也是预防神经衰弱的重要手段。为此，应当注意以下三个方面。

1. 学习时注意调节脑力

脑力紧张带来了脑力疲劳。脑力疲劳发生时，使人感到注意力不能很好集中，思维变得迟钝，继而头昏脑胀甚至头痛起来。脑力疲劳是一种信号，它标志着大脑由兴奋过程在向抑制过程转化，提醒你该休息一下了。所以，疲劳是机体的一种保护性反应，抑制是大脑的一种保护性机能，可以防止过度兴奋引起神经细胞功能的衰竭。

大脑活动的基本规律是兴奋和抑制过程的交替，这就要求我们在紧张的学习生活中安排适当的休息。

休息的方式多种多样。一般来说，连续学习一个小时，至少应休息5～10分钟。比如，到户外散散步，呼吸些新鲜空气，但不宜做剧烈运动，否则会影响接下来的学习；剧烈活动最好安排在下午4～5点钟进行。

睡眠是生理状态下全身最广泛的休息，青年学生每天至少应保证8小时睡眠，才足以消除一天的疲劳。中午最好能小憩片刻，这不仅利于消化，而且能使下午和晚间的精力充足。

对年轻人来说，一天中精力最佳的时间是在上午，可以安排较大比重的学习内容。不过，经过一夜睡眠，早晨起来最好做些轻微的体育活动，这样有助于解除睡眠造成的躯体疲劳感，调动起机体的活力，使大脑更好地投入战斗。

大脑活动的另一个特点，就是某个部位兴奋时常伴随其他部位相对的抑制。因此，我们还应该制订出一套科学的学习方法。比如，学习中单一地使用看、听、读、写或单纯地思考，比较容易发生疲劳；而如果几种方法配合或交替使用，不仅不易疲劳，还可提高记忆效率。同样，学习内容上在注意连贯性的同时，也要注意交替性：如做习题累了，如果念念外文，就可暂时减轻一些疲劳感。

2. 发挥精神的能动作用

保护大脑的另一个重要方面，就是要避免精神因素对大脑的伤害。不论是强烈的精神创伤或持久的消极情绪——如悲观、抑郁、苦闷，都可以造成大脑机能的失调，产生神经衰弱。

一方面，情绪不稳定是年轻人心理的一个显著特点，加上年轻人在生活道路上面临着诸如升学、就业、恋爱、婚姻等重大课题，心理上经常存在着矛盾冲突；抑或是平日的学习生活中，也会有这样或那样的心理负担。另一方面，年轻人又具有富于幻想的特点，愿望与现实间也经常会发生矛盾，在患神经衰弱的年轻人身上，往往不难找出以上列举的原因。青少年发病除了学习用脑过度外，精神因素也往往起着重要作用。

学会情绪的积极转移，是排解不良情绪的有效办法。即通过他人帮助或自我疏导，解除精神负担，或者改变精神刺激的意义，学习用辩证的观点，一分为二地分析问题，用“失败乃成功之母”以及“塞翁失马，焉知非福”等道理鼓励自己，把消极情绪的原因化为积极情绪的动力。

排解不良情绪的根本办法在于建立良好而稳定的心理状态，使积极情绪充满心境。积极情绪——乐观、进取、奋斗等精神，最能体现精神的能动作用，使人朝气蓬勃，不知疲倦。

3. 努力增强体质

大脑不断地需要血液带来的氧气和养料，也要不断地排出代谢废物，因此，它与循环、呼吸、消化、泌尿等系统都有密切的联系。事实上，在身体的一些急性病和慢性病的病程中，都有可能引起或助长神经衰弱的发生和发展。

健康的体质可以促进神经系统的机能。为此，应当积极锻炼身体、增强体质。体育锻炼已被公认为促进健康和推迟衰老的要素，对于保持和增进大脑的工作能力同样具有良好的影响。

体育锻炼的方法很多，对年轻人来说，可以结合自己的兴趣和体力状况进行选择。

除了体育锻炼外，增强体质还应包括营养及防病等措施。营养虽不是脑力的决定因素，但脑力劳动同样消耗能量物质，必须获得必要的补充。事实上，紧张的脑力活动所带来的生理上的消耗，并不亚于一个体力劳动者。从事脑力劳动的人，消化机能往往比较差，这就要求饮食既要富有营养，又要易于消化。

秘方六：劳逸结合，科学用脑

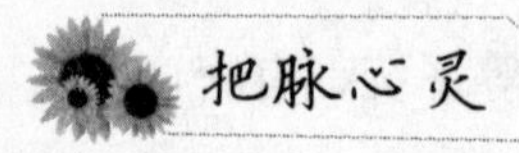

生活中，很多人特别是脑力工作者都有过这样的体会：当用心看书或演算过久时，会感到头昏脑涨，记忆力下降，思维变得迟钝了，这就是脑疲劳。它是细胞活动所需的氧气和营养物质供不应求的结果，也是脑在活动中产生的“疲劳毒素”堆积，对脑内环境破坏导致细胞中毒而产生的许多不良后果。很明显，如果人们用脑过度，不注意脑保护，脑部的供血供氧不足又未能及时补充，就会出现下面的15种现象：

1. 早晨醒来懒得起床。

2. 走路抬不起腿。

3. 不想参加社交活动。

4. 懒得讲话，自觉有气无力。

5. 时常呆想发愣。

6. 说话、写文章时常出错。

7. 记忆力下降。

8. 提不起精神。

9. 口苦、无味、食欲差。

10. 吸烟、饮酒的嗜好有增无减。

11. 耳鸣、头昏、目眩、眼前冒金星、烦躁、易怒。

12. 眼睛疲劳。

13. 下肢沉重。

14. 入睡困难，易醒多梦。

15. 打盹不止，四肢像抽筋一般。

心灵分析：

如果有上述2～4项情况时，说明轻微疲劳，需要立即休息；有5项以上是重度疲劳，也许潜伏着疾病，这时你应当马上去医院检查。

心灵指导

由于工作压力较大的原因，导致缺乏运动、饮食不规律、生活节奏过快、睡眠不充足，久而久之，许多人常常感觉身心、大脑疲惫。大脑和身体都要摄取营养。大脑如同肌肉，都有使用的极限。

有人做了一次实验。一个人阅读100页的书，前10页的内容几乎所有的人都记得很清楚，最后的10页谁也记不清是什么内容。在多数情况下，即使有人记住了，那也是扭曲的记忆。

要想学习音乐，首先要在“听”字上下功夫。一边要仔细听取每一个细节，一边要注意分析每一个音符、音调、音色、节奏以及它们之间的相互关系等。这就需要精力的高度集中。怎样才能做到精力的高度集中呢?

有学者提出，5分钟集中，5分钟完全休息，才能达到极大限度地提高集中精力的效果。要做到一般的集中，则需要每50分钟休息一次，一次休息10分钟。或者这10分钟做一些毫不相干的别的事情，让紧张的神经松弛一下。若不然，大脑就会因过度的疲劳而停止转动，什么信息也理解不了，什么信息也记不住，什么信息也处理不了，最终身体会因为疲劳而感到痛苦，于是发出休息的信号。连续学习三四个小时的学生会伸懒腰打哈欠的原因就在这里。

身体要休息，大脑也要休息。要想使大脑长期有效地运转，必须让它有规律地休息。有的人擅长于跑马拉松，有的人则擅长于跑1000米。学习也一样，有的学生只能坚持5分钟，有的学生则能坚持较长的时间。但是再优秀的马拉松运动员也不能天天跑马拉松。跑1000米也一样，如果连续跑，第二次、第三次的速度肯定会逐渐减慢。

要多用脑，这是从整体来说的，但就每天、每次的脑力活动来说，又必须注意保护脑，不可使脑过度疲劳。为了科学、合理地用脑，需要注意下面几点：

1. 及时做短暂的休息

脑力活动是脑内旺盛的代谢过程，时间长了，消耗的营养物质和堆积的代谢废物增多，达到一定程度，就会感到疲劳。一般说来，大脑连续进行紧张智力活动的时间不宜太长——学龄前儿童15分钟左右，中学生0. 5～1小时，成年人约1. 5小时，便应当有一小段休息时间。

2. 生活要有规律

有人通过试验证明，长期生活在没有阳光和钟表的地洞里的人，体温、心率、活动情况等仍然保持着大约24小时一个周期的正常睡醒节律。如果我们的生活作息与睡醒节律相一致，那么，只要我们一上床就会很快入睡，一到起床时间就会自然觉醒。相反，不定时起床就寝，任意颠倒睡、醒节律，就会影响身体健康，甚至产生神经衰弱和其他疾病。

有规律的生活制度还有利于大脑皮层把生活当中建立起来的各种条件反射形成固定的“动力定型”。也就是说，如果每天的各项活动经常以相同的顺序和固定的时间间隔出现，就会通过大脑皮层的综合作用，把一系列活动联系起来，形成一个内部神经过程的系统，即“动力定型”，从而使各种脑力和体力的活动进行得更容易、更熟练、更省力。

3. 保持足够的睡眠

睡多长时间才算够？成年人每天平均要睡7～9小时。睡眠的好坏并不全在于“量”，还在于“质”，即睡眠的深度。深沉的、质量高的睡眠，消除疲劳快，睡眠时间也可减少。总之，不能一律规定每人每天睡眠时间为8小时，而应该根据睡醒后的自我感觉是否良好来判断睡眠时间是否足够。过多的睡眠不但没有必要，反而有害，会使大脑昏昏沉沉，不能保持正常工作所必需的兴奋水平。

学会劳逸结合，科学合理地用脑，才能更有效地发掘自身的潜能，才能更轻松地步入杰出者的行列！